AF903211

iwb

Forschungsberichte · Band 3

Berichte aus dem
Institut für Werkzeugmaschinen
und Betriebswissenschaften
der Technischen Universität München

Herausgeber: Prof.Dr.-Ing. J. Milberg

Christoph Maier

# Montageautomatisierung am Beispiel des Schraubens mit Industrierobotern

Mit 77 Abbildungen

Springer-Verlag
Berlin Heidelberg New York Tokyo 1986

Dipl.-Ing. Christoph Maier
Institut für Werkzeugmaschinen und Betriebswissenschaften (IWB), München

Dr.-Ing. J. Milberg
o. Professor an der Technischen Universität München
Institut für Werkzeugmaschinen und Betriebswissenschaften (IWB), München

ISBN-13 : 978-3-540-16393-0 e-ISBN-13 : 978-3-642-82786-0
DOI : 10.1007 / 978-3-642-82786-0

Das Werk ist urheberrechtlich geschützt. Die dadurch begründeten Rechte, insbesondere die der Übersetzung, des Nachdrucks, der Entnahme von Abbildungen, der Funksendung, der Wiedergabe auf photomechanischem oder ähnlichem Wege und der Speicherung in Datenverarbeitungsanlagen bleiben, auch bei nur auszugsweiser Verwendung, vorbehalten. Die Vergütungsansprüche des § 54, Abs. 2 UrhG werden durch die „Verwertungsgesellschaft Wort", München, wahrgenommen.
© Springer-Verlag, Berlin, Heidelberg 1986

Die Wiedergabe von Gebrauchsnamen, Handelsnamen, Warenbezeichnungen usw. in diesem Werk berechtigt auch ohne besondere Kennzeichnung nicht zu der Annahme, daß solche Namen im Sinne der Warenzeichen- oder Markenschutz-Gesetzgebung als frei zu betrachten wären und daher von jedermann benutzt werden dürften.

Gesamtherstellung: Hieronymus Buchreproduktions GmbH, München
2362/3020-543210

**Geleitwort des Herausgebers**

Die Verbesserung von Fertigungsmaschinen, Fertigungsverfahren und Fertigungsorganisation im Hinblick auf die Steigerung der Produktivität und die Verringerung der Fertigungskosten ist eine ständige Aufgabe der Produktionstechnik. Die Situation in der Produktionstechnik ist durch abnehmende Fertigungslosgrößen und zunehmende Personalkosten sowie durch eine unzureichende Nutzung der Produktionsanlagen geprägt. Neben den Forderungen nach einer Verbesserung von Mengenleistung und Arbeitsgenauigkeit gewinnt die Steigerung der Flexibilität von Fertigungsmaschinen und Fertigungsabläufen immer mehr an Bedeutung. In zunehmenden Maße werden Programme, Einrichtungen und Anlagen für rechnergestützte und flexibel automatisierte Produktionsabläufe entwickelt.

Ziel der Forschungsarbeiten am Institut für Werkzeugmaschinen und Betriebswissenschaften an der TU München (iwb) ist die weitere Verbesserung der Fertigungsmittel und Fertigungsverfahren im Hinblick auf eine Optimierung von Arbeitsgenauigkeit und Mengenleistung der Fertigungssysteme. Dabei stehen Fragen der anforderungsgerechten Maschinenauslegung sowie der optimalen Prozeßführung im Vordergrund. Ein weiterer Schwerpunkt ist die Entwicklung fortgeschrittener Produktionsstrukturen und die Erarbeitung von Konzepten für die Automatisierung des Auftragdurchlaufs. Das Ziel ist eine Integration der technischen Auftragsabwicklung von der Konstruktion bis zur Montage.

Die im Rahmen dieser Buchreihe erscheinenden Bände stammen thematisch aus den Forschungsbereichen des iwb: Fertigungsverfahren, Werkzeugmaschinen, Fertigungs- und Montageautomatisierung, Betriebsplanung sowie Steuerungstechnik und Informationsverarbeitung. In ihnen werden neue Ergebnisse und Erkenntnisse aus der praxisnahen Forschung des iwb veröffentlicht. Diese Buchreihe soll dazu beitragen, den Wissenstransfer zwischen dem Hochschulbereich und dem Anwender in der Praxis zu verbessern.

Joachim Milberg

Vorwort

Die vorliegende Dissertation entstand neben meiner Tätigkeit als wissenschaftlicher Mitarbeiter am Institut für Werkzeugmaschinen und Betriebswissenschaften (iwb) der Technischen Universität München.

Herrn Professor Dr.-Ing. J. Milberg, dem Leiter dieses Instituts, gilt mein besonderer Dank für die wohlwollende Förderung und großzügige Unterstützung sowie für die wertvollen Hinweise zu dieser Arbeit.

Ebenso möchte ich mich bei Herrn Prof. Dr.-Ing. K. Ehrlenspiel für die aufmerksame Durchsicht der Arbeit und die sich daraus ergebenden Anregungen bedanken.

Darüberhinaus möchte ich allen Mitarbeitern des Instituts und allen Studenten, die mich bei der Erstellung meiner Arbeit unterstützt haben, meinen Dank aussprechen.

Guntersberg, 1985 Christoph Maier

Inhaltsverzeichnis


Inhaltsverzeichnis I-III

Abkürzungen und Formelzeichen IV-VI

1. Einleitung und Ziel der Arbeit 1

2. Automatengerechte Konstruktion von Schraubverbindungen 7

2.1 Veränderungen im organisatorischen Umfeld 7

2.2 Einbeziehung von rechnerunterstützten Konstruktionshilfsmitteln 8

2.3 Richtlinien für eine montagegerechte und kostengünstige Auslegung von mit Automaten montierbaren Schraubverbindungen 10

2.3.1 Gestaltungsbereich Produkt 11

2.3.2 Gestaltungsbereich Verbindung 17

2.3.3 Gestaltungsbereich Einzelteil 25

2.4 Erhöhung der Wirtschaftlichkeit von Schraubverfahren 30

3. Entwicklung von Teilsystemen zum passiven Toleranzausgleich 34

3.1 Anwendungsbereich, Einsatzproblematik, Stand der Technik 34

3.1.1 Übersicht 34

3.1.2 Aktive Fügehilfen 35

3.1.3 Passive Fügehilfen 36

3.1.4 Grundlagen über RCC-Systeme 37

3.1.5 Konstruktive Ausführungen 38

3.1.6 Kontaktkräfte beim Fügen von Bolzen 39

3.2 Auftretende Positionsfehler beim Verschrauben mit Industrieroboter 40
3.3 Theoretische Betrachtungen der physikalischen Wirkprinzipien beim Verschrauben mit Winkel- und Exzentrizitätsabweichungen 48
3.3.1 Ein-Punkt-Kontakt 48
3.3.2 Zwei-Punkt-Kontakt, Fassen der Schraube 50
3.3.3 Durchgangsbohrung 54
3.4 Konstruktive Gestaltung von Systemen zum passiven Toleranzausgleich 56

4. Erprobung von Schraubsystemen 61

4.1 Versuchsaufbau 61
4.2 Versuchsdurchführung mit verschieden gelagerten Schraubsystemen 62
4.2.1 Untersuchte Parameter 62
4.2.2 Ermittlung von Kenngrößen 63
4.3 Zusammenfassung 71

5. Möglichkeiten zur Erhöhung der Flexibilität beim Verschrauben 73

5.1 Einleitung 73
5.2 Der Begriff Flexibilität 73
5.3 Elemente eines automatischen Schraubsystems 80
5.3.1 Einführung 80
5.3.2 Schraubenzuführung 81
5.3.3 Flexibilität bei Schraubern 86
5.3.4 Positionierung der Schraubeinheit 91

6. Erweiterte Wirtschaftlichkeitsbetrachtung und Nutzenrechnung 95

6.1 Einführung 95
6.2 Rechnerunterstützter Wirtschaftlichkeitsvergleich von monetär quantifizierbaren Kriterien 96
6.3 Möglichkeiten zur integrierten Berücksichtigung von monetär schwer oder nicht quantifizierbaren Kriterien mit Hilfe der Nutzwertanalyse 100
6.4 Gemeinsame Betrachtung von Wirtschaftlichkeitsrechnung und Nutzwertanalyse 101
6.4.1 Kosten-Nutzwert-Analyse 102
6.4.2 Rentabilitäts-Nutzwert-Analyse 106
6.4.2.1 Rentabilitätsrechnung 106
6.4.2.2 Gemeinsame Betrachtung von Rentabilität und Nutzwert 106
6.5 Rechnerunterstützte Investitionsplanung mit dem Programmpaket CRWIR 123
6.5.1 Einleitung 123
6.5.2 Ein- und Ausgaben im Programmpaket CRWIR 124
6.5.3 Programm zur Rentabilitätsrechnung 126
6.5.4 Programm zur Nutzwertanalyse 127
6.5.5 Programm zur Synthese aus Rentabilität und Nutzwert 131
6.6 Zusammenfassende Bewertung der vorgestellten Verfahren 133

7. Zusammenfassung 134

Literaturverzeichnis 136

## Formelzeichen und Abkürzungen

### Große Buchstaben

| Zeichen | Bedeutung |
|---|---|
| $A_i$ | i-te Menge gleichbewerteter Alternativen |
| $A_{opt}$ | optimale Menge gleichbewerteter Alternativen |
| D | Durchmesser der Bohrung |
| $D_F$ | Durchmesser Senkung Bohrung |
| $E_{ij}$ | Erfüllungsgrad der i-ten Alternative bezüglich des j-ten Kriteriums |
| $F_A$ | Axialkraft im Schraubenbolzen |
| $F_M$ | Montagevorspannkraft im Schraubenbolzen |
| $F_N$ | Normalkraft auf die Fase |
| $F_R$ | Reibungskraft auf die Fase |
| $F_V$ | Vorspannkraft Schraube |
| $F_Z$ | Vorspannkraftverlust durch Setzen |
| $GF_{RENT}$ | Gewichtungsfaktor der Rentabilität |
| $GF_{NW}$ | Gewichtungsfaktor des Nutzwerts |
| K | Kosten |
| H | Länge der Durchgangsbohrung |
| M | Moment um das Z.d.N. |
| $N_i$ | Nutzwert der i-ten Alternative |
| NW | aktueller Nutzwert |
| NWP | Nutzwertpunkte |
| R | Rentabilität |
| RENT | aktueller Wert der Rentabilität |
| T | Senkungstiefe |

### Kleine Buchstaben

| Zeichen | Bedeutung |
|---|---|
| $a_i$ | i-te Alternative |
| $a_{opt}$ | optimale Alternative |
| $c_x$ | Federsteifigkeit des Gesamtsystems in x-Richtung |
| d | Durchmesser des Bolzens bzw. der Schraube |
| $d_F$ | Durchmesser der Fase der Schraube |
| e | Lagefehler zwischen zwei zu verschraubenden Werkstücken |

| | |
|---|---|
| $k$ | Federsteifigkeit |
| $l$ | gefügte Länge des Bolzens im Loch |
| $m$ | Geradensteigung |
| $n$ | Abstand der Angriffstellen der axialen Betriebskräfte bezogen auf die Klemmlänge |
| $p$ | Steigung des Gewindes |
| $s$ | Spiel in der Bohrung |
| $s_{ad}$ | Spiel der Schraube im Durchmesser |
| $s_{al}$ | Spiel der Schraube in Längsrichtung |
| $w_i$ | der i-ten Alternativenmenge zugeordnete Wert |
| $W_{max}$ | maximaler Wert |

**Griechische Buchstaben**

| Zeichen | Bedeutung |
|---|---|
| $\alpha$ | Steigungswinkel des Gewindes |
| $\alpha_A$ | Faktor zur Berücksichtigung der Anziehgenauigkeit |
| $\beta$ | Flankenwinkel des Gewindes |
| $\gamma$ | Konfidenzzahl |
| $\delta$ | lateraler Fehler |
| $\delta_R$ | zusätzlicher lateraler Fehler durch das Abrollen der Schraube |
| $\varepsilon$ | zusätzlicher Winkelfehler durch Nachgiebigkeit der Spannzange |
| $\Theta \hat{=} \vartheta$ | Fasenwinkel |
| $\mu$ | Reibungsbeiwert |
| $\varrho$ | Reibungswinkel |
| $\varphi$ | Winkelfehler |
| $\phi$ | Kraftverhältnis unter Auswirkung der elastischen Verformung von Schraube und verspannten Flanschen |

## 1. Einleitung und Ziel der Arbeit

Die Verbesserung von Fertigungseinrichtungen, Fertigungsverfahren und Fertigungsorganisation im Hinblick auf die Steigerung der Produktivität und die Verringerung der Fertigungskosten ist eine ständige Aufgabe der Produktionstechnik. Bisher standen Maßnahmen zur Steigerung von Mengenleistung und Arbeitsgenauigkeit der Fertigungseinrichtungen im Vordergrund. Die Situation in der Produktionstechnik ist aber heute durch abnehmende Fertigungslosgrößen und zunehmende Personalkosten sowie durch eine unzureichende Nutzung der Produktionsanlagen geprägt /1/.

Die augenblickliche Situation zahlreicher Unternehmen ist gekennzeichnet durch verschärften Wettbewerb, hohe Qualitätsansprüche, kurze Lieferzeiten, hohe Rohstoff- und Lohnkosten, bei gleichzeitiger Stagnation des Wirtschaftswachstums und Sättigung des Marktes in allen Bereichen. Außerdem muß sich die Produktion den in immer kürzeren Abständen wechselnden, sehr individuellen Käuferwünschen anpassen können. Um in diesem Umfeld zu bestehen, ist ein Unternehemen gezwungen, zur Erhaltung der Arbeitsplätze, flexibler und kostensparender zu arbeiten, d.h. zu rationalisieren. Erschwerend wirkt hier zwar die derzeit hohe Zahl an Arbeitslosen. Da jedoch nicht durchgeführte Maßnahmen zur Rationalisierung in der Regel nicht mehr aufholbar sind, können Entwicklungen und Maßnahmen zur Rationalisierung aufgrund der aktuellen Arbeitsmarktsituation nicht ausgesetzt werden.

Als Bereich mit einem besonders hohen Rationalisierungspotential erscheint aus heutiger Sicht für zahlreiche Branchen die Montage. Während in den konventionellen Fertigungsbereichen schon hohe Automatisierungsgrade erreicht worden sind, ist die Montage, obwohl hier in vielen Branchen ein Hauptanteil der Lohnkosten entsteht, bezüglich einer Automatisierung vernachlässigt worden. Ein Hauptgrund ist sicherlich, daß in der Montage als dem letzten Glied des Fertigungsprozesses oftmals unterschiedliche Werkstücke in verschiedensten Varianten und mit komplexen Bewegungsabläufen gefügt werden müssen /2/. Bei einer Automatisierung ist also besonderes

Gewicht auf die Flexibilität der einzelnen Systemkomponenten zu legen. Steigende Variantenvielfalt, kürzere Produktlebenszyklen und die langfristigen Nachfrageschwankungen sind maßgeblich für die Auslegung flexibler Montageeinrichtungen.

Der Industrieroboter ist sicherlich ein Mittel zur flexiblen Automatisierung in der Montage. Die Anzahl der installierten Geräte hat in den letzten Jahren kontinuierlich zugenommen. Insbesondere im Bereich der Montage ergaben sich in jüngster Vergangenheit die größten Zuwachsraten (Abb.1.1) /3/.

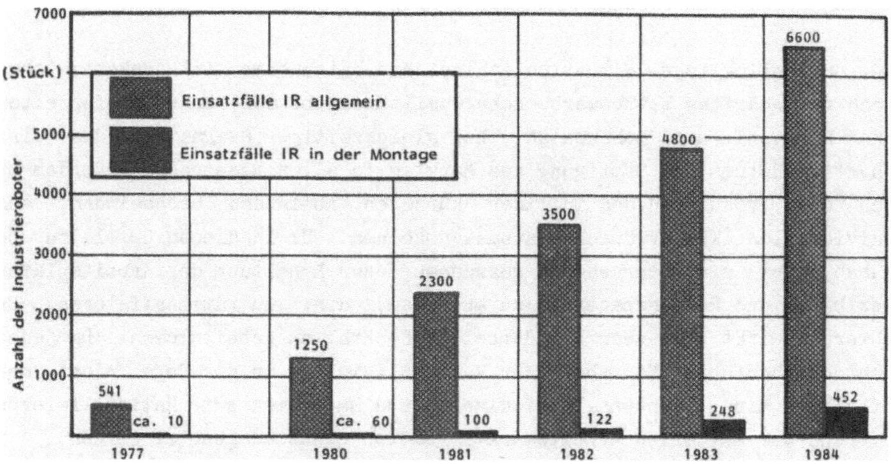


Abb. 1.1 : Eingesetzte Industrieroboter in der Bundesrepublik Deutschland (Stand Dezember 1984)/10/

Fortschritte in der Handhabungs-, Füge- und Steuerungstechnik sowie eine montagegerechte Produktgestaltung haben in den letzten Jahren die Teilautomatisierung der Montage komplexer Serienerzeugnisse, wie Büromaschinen, Haushaltsgeräte und Automobile ermöglicht. Dabei zählen Schraubenverbindungen zu den wichtigsten und am häufigsten angewandten Fügeverfahren /4/. 40% aller Montageplätze sind mit dem Montieren von Schraubenverbindungen beschäftigt /5/.

Die charakteristischen Eigenschaften von Schraubenverbindungen, nämlich die zuverlässige Erzeugung einer definierten Vorspannung und die Mvglichkeit, diese Verbindung wieder leicht zu lösen, haben die Schrauben zu einem unverzichtbaren Maschinenelement gemacht. In einem manuellen Montagesystem werden Schrauben durch Werker mit pneumatischen oder elektrischen Handschraubern eingedreht; in starr automatisierten Systemen häufig durch Mehrfachschrauber. Im ersten Fall ist die Flexibilität zwar hoch, der Automatisierungsgrad aber sehr niedrig. Im zweiten Fall ist es gerade umgekehrt. Für eine Serienmontage mit hoher, aber begrenzter Variantenzahl wie sie z. B. im PKW-Bau vorliegt, sind beide Verfahren also nicht optimal geeignet, denn hier sollten zwei Anforderungen gleichzeitig verwirklicht werden /6/:

* hoher Automatisierungsgrad und
* hoher Flexibilitätsgrad.

Beide Forderungen werden durch die Kombination eines Industrieroboters mit einer automatischen Schraubeinheit erfüllt (Abb.1.2). Der Roboter führt den Schrauber zum Schraubort, wobei eine durch Produktvarianten bedingte Änderung der Schrauborte durch Aufruf eines anderen Arbeitsprogrammes möglich ist. Durch die Schraubeinheit erfolgt das Zuführen und Eindrehen der Schrauben mit einem Automationsgrad von annähernd 100%. Industrielle Anwendungen solcher Systeme sind jedoch derzeitig nur vereinzelt vorhanden /7/.

Angesichts der Möglichkeiten und Vorteile von Robotern zum Verschrauben erhebt sich die Frage, worin die Ursachen für die bisher geringe Einsatzhäufigkeit liegen.

Der Grund für die bisher geringe Verwendung von Robotern zum Verschrauben, wie auch allgemein in der Montage, ist unter anderen in folgenden Punkten erkennbar:

- Die Montage als letztes Glied des Herstellungsprozesses eines Produktes ist ein Sammelbecken für eine Vielzahl von Einflußfaktoren aus vorangegangenen Arbeitsvorgängen - einschließlich ihrer Ungenauigkeiten und Fehler in organisatorischer und technischer Hinsicht - und somit ein Bereich höchster Komplexität /2/.

- Der Produktaufbau und die Gestalt der Teile und Verbindungen sind fast ausschließlich auf funktionsbedingte Gesichtspunkte ausgelegt. Eine Betrachtung im Hinblick auf eine starre Automatisierung oder eine Verwendung von Robotern aus dem Blickwinkel der Montage findet meistens nicht statt.

- Große Probleme ergeben sich aus den Fertigungstoleranzen und Positionierungenauigkeiten der am Verschraubungsprozeß beteiligten Werkstücke und Betriebsmittel (Abb.1.2). Bei den heute im industriellen Einsatz befindlichen Industrierobotern fehlen geeignete aktive oder passive Fügehilfen, die wirtschaftlich verwendbar sind.

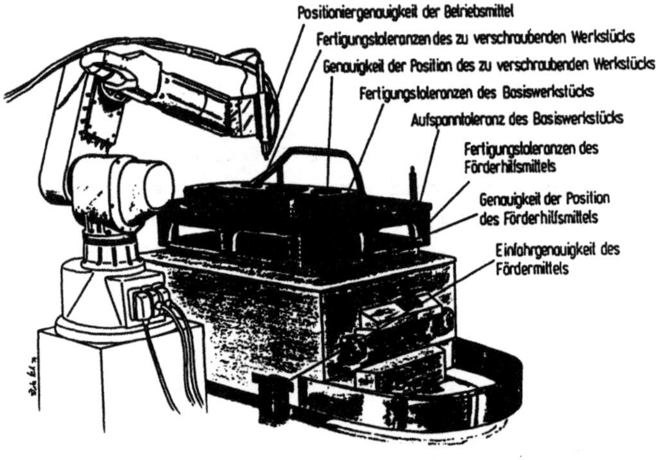


Abb. 1.2 : Störgrößen an einer automatischen Schraubstation

- Der Preis von Robotern einschließlich der erforderlichen Peripherie liegt oftmals über dem von manuellen oder starr automatisierten Arbeitsplätzen. Bei derzeitig in der Industrie angewandten Wirtschaftlichkeitsbetrachtungen werden die Vorteile von mit Robotern automatisierten Arbeitsplätzen kaum miteinbezogen, da Kriterien wie Flexibilität, Qualitätssteigerung oder Humanisierung schwer oder nicht monetär quantifizierbar sind.

- Ein Roboter kann als alleinstehendes Standartprodukt bislang nicht verkauft werden, da das Gesamtsystem seine optimale Produktivität nur erreicht, wenn alle Teilkomponenten die gestellten Anforderungen erfüllen /8/. Die Flexibilität der Schraubstation - Bunker, Fördersysteme, Werkzeuge, Schnittstellen und Roboter - muß also in all seinen Teilsystemen erhöht werden.

- Durch die Verknüpfung mehrerer Systeme - Roboter, Steuerung, Wechselsystem, Schraubwerkzeug, Zuteileinrichtung, Vibrationswendelförderer, Sensorik und Transportsystem - steigt das Ausfallrisiko erheblich. Die Verfügbarkeit einer automatischen Schraubstation wird vorallem von der Qualität der Schrauben entscheidend beeinflußt. Eine 100%ige Kontrolle ist jedoch derzeit aus Wirtschaftlichkeitsgründen nicht durchführbar.

- Bei der Planung und dem Einsatz von oftmals komplexen Montagesystemen ist die enge Zusammenarbeit aller Abteilungen notwendig. Bei der in vielen Betrieben vorhandenen Organisationsstruktur überwiegt das Abteilungsdenken. In Abb.1.3 ist der Informations-"fluß" ohne Eigenschaftsfrüherkennung dargestellt /9/. Für die automationsgerechte Konstruktion von Produkten ist aber u.a. der Informationsrückfluß aus der Fertigung und der Montage notwendig.

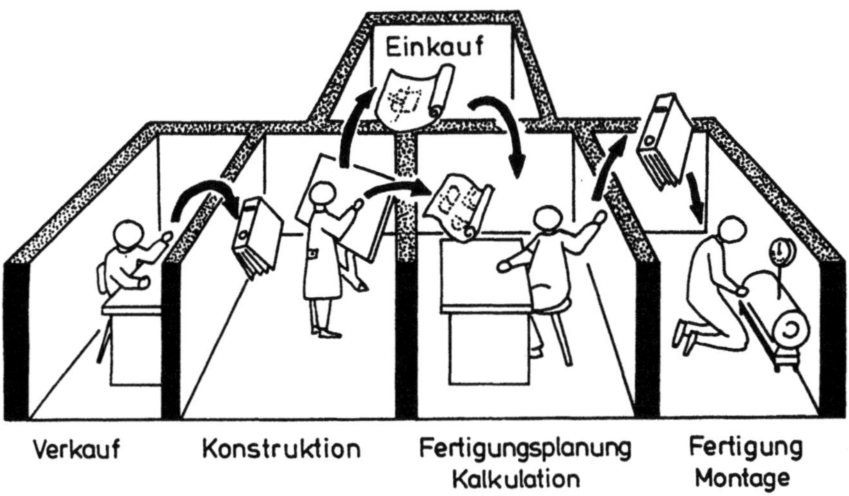


Abb. 1.3 : Informations-"fluß" ohne Eigenschaftsfrüherkennung /9/

Die Mannigfaltigkeit von Einsatzhemmnissen macht deutlich, daß zur Steigerung der Einsatzhäufigkeit flexibel automatisierter Montagesysteme eine ganzheitliche Betrachtung notwendig ist.

Ziel dieser Arbeit ist es, am Beispiel der flexiblen Automatisierung des Schraubens mit Industrierobotern, bestehende Einsatzhemmnisse zu erörtern und Lösungsansätze aufzuzeigen. Insbesondere sollen die Probleme durch die Analyse des Fügeprozesses Schrauben im Hinblick auf den Einsatz passiver Fügehilfen untersucht werden. Bestehende Systeme sollen überprüft und für das automatische Schrauben optimiert werden. Die Frage der automationsgerechten Gestaltung von Schraubenverbindungen soll erörtert werden. Für die Erweiterung der Flexibilität des gesamten Schraubsystems sollen Lösungsansätze aufgezeigt werden. Schließlich ist es Ziel der Arbeit zur wirtschaftlichen Beurteilung von derartigen flexibel automatisierten Montagesystemen neue Ansätze einer Wirtschaftlichkeitsbetrachtung zu erarbeiten, welche die durch den Einsatz neuer Technologien entstehenden Vorteile mit berücksichtigen.

# 2. Automatengerechte Konstruktion von Schraubenverbindungen

## 2.1 Veränderungen im organisatorischen Umfeld

Durch die konstruktive Gestaltung wird bereits größtenteils die später einsetzbare Schraubtechnologie und damit der erreichbare Automatisierungsgrad festgelegt. Im gleichen Maße werden die in der Montage auftretenden Kosten durch die konstruktive Auslegung der Produkte im Konstruktionsbüro beeinflußt. Hinsichtlich der Wirtschaftlichkeit von Montageprozessen nimmt der Konstrukteur eine Schlüsselposition ein. Bisher dachte man in erster Linie an eine fertigungsgerechte Auslegung der Produkte. Die Erfahrungslücke zwischen Konstruktion und Montage ist erheblich größer als zwischen der Konstruktion und der Fertigung /11/.
Die Konstruktion alleine wird also ohne enge Zusammenarbeit mit der Fertigung und insbesondere mit der Montage nicht in der Lage sein, die Montageeigenschaften eines Produktes zu optimieren. Da jedoch zwischen der Konstruktion und dem Produktionsende eines Produkts ein Zeitraum von vielen Jahren liegen kann, genügt es nicht, sich nur an derzeitigen Fertigungs und Montagetechnologien zu orientieren. Ohne Kenntnis und Berücksichtigung neuer Montagetechnologien bei der Konstruktion neuer Produkte ist deren spätere Einsatzmöglichkeit in Frage gestellt.

Folgende Maßnahmen können zur Verbesserung dieser Umfeldsituation beitragen.

- o gezieltes Job-rotation zwischen den einzelnen Abteilungen,
- o Bildung von interdisziplinären Projektteams,
- o Erhöhung des Anteils der Eigenverantwortung,
- o verstärkte Einbeziehung von Pilotprojekten,
- o räumliche Nähe der an einem Produkt beteiligten Abteilungen,
- o Schulungsmaßnahmen unter verstärkter Berücksichtigung neuer Technologien,

o Förderung der Kooperationsbereitschaft.

## 2.2 Einbeziehung von rechnerunterstützten Konstruktionshilfsmitteln

Die Darstellung alternativer Lösungsvorschläge zur Überprüfung von Kollisionen, Fügewegen und Zugänglichkeit entfällt häufig aus Mangel an Zeit und Information. Allgemein wird ein Konstrukteur schon wegen des beträchtlichen Zeichenmehraufwands die beim Vorgängermodell benutzte Konstruktionslösung für eine Verbindung nochmals verwenden und sie im Bedarfsfall entsprechend modifizieren. Es werden daher oftmals aus Personalmangel, Zeitdruck oder anderen Gründen altbewährte Konstruktionslösungen günstiger erscheinenden infolge der dafür notwendigen Mehrarbeit vorgezogen. D.h. das Produkt muß oftmals auch wieder mit der alten, evtl. zeitaufwendigeren und kostenintensiveren Technologie montiert werden. Zur Vermeidung dieser ineffizienten Arbeitsweise kann der Einsatz von CAD-Systemen beitragen.
CAD-Systeme besitzen im allgemeinen eine dialogorientierte Bedien- und Beschreibungssprache. Durch die Verwendung von entsprechenden Menütafeln wird die Erstellung von Konstruktionslösungen wesentlich beschleunigt. Bei verschiedenen CAD-Systemen werden anwendungsbezogene Menütafeln mit entsprechenden Systembefehlen, Befehlsmakros und Geometriemakros auf dem Menüfeld mitgeliefert. Einige Systeme erlauben es, dem Konstrukteur sich selbst entsprechende Anwendungsmenüs zu gestalten (Abb. 2.1).
Ein weiterer Schritt ist die Implementierung einer benutzergeführten Vorgehensweise, in welcher Konstruktionsrichtlinien für die montage- und robotergerechte Produktgestaltung mit eingearbeitet sind. Außerdem können bei Verwendung von CAD-Systemen die einmal dargestellten, benutzten Werkzeuge und Betriebsmittel immer wieder aufgerufen werden. Damit ist die Überprüfung von Störkanten, der Zugänglichkeit etc. möglich (Abb. 2.2).

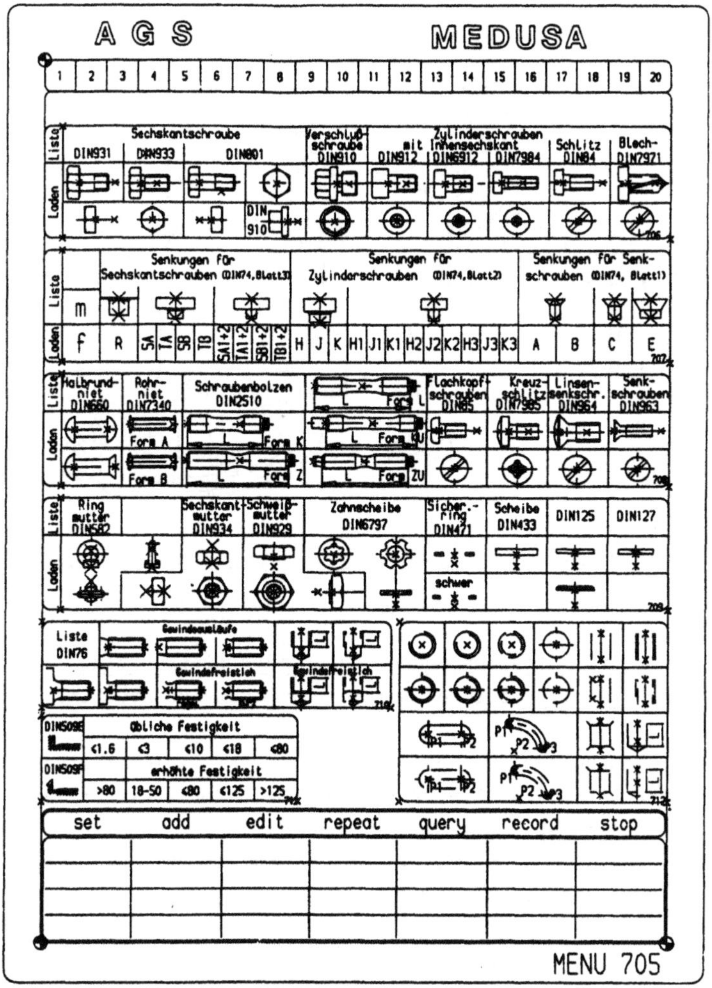

Abb. 2.1 : CAD-Menütafel für Schraubverbindungen /22/

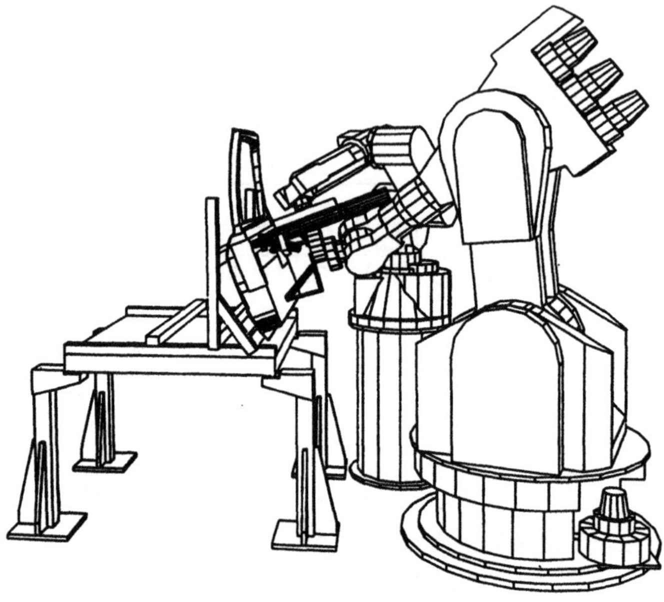

Abb. 2.2 : CAD-Unterstützte Lay-Out-Planung einer Schraubstation

## 2.3 Richtlinien für eine montagegerechte und kostengünstige Auslegung von mit Automaten montierbaren Schraubenverbindungen

Ziel dieser Sammlung von Beispielen montage- und automatisierungsgerechter Konstruktionen (Abb. 2.4, 2.9, 2.11) ist, dem Konstrukteur eine Optimierungshilfe auf dem Gebiet der Schraubenverbindungen zur Hand zu geben. Durch die Formulierung von Gestaltungsregeln, die mit entsprechenden Beispielen veranschaulicht sind, werden in der immateriellen Gestaltungsphase Anregungen vermittelt, die verallgemeinert auch für andere Verbindungsarten Gültigkeit haben. Bei der Gestaltung von Schraubenverbindungen ist eine ganzheitliche Betrachtungsweise notwendig. Es müssen Struktur, Geometrie, Oberfläche, Abmessungen und Material des gesamten Produkts, der Verbindungsstelle als Ausschnitt und der einzelnen Verbindungsteile wie Schrauben, Muttern, Sicherungselemente im Detail betrachtet werden. In Anlehnung an die in /12/ entwickelten Gestaltungsrichtlinien werden sie in drei Bereiche untergliedert:

- Gestaltungsbereich Produkt,
- Gestaltungsbereich Verbindung,
- Gestaltungsbereich Einzelteil.

### 2.3.1 Gestaltungsbereich Produkt

Maßnahmen zur montagegerechteren Gestaltung eines Produkts wirken sich natürlich auch auf den Fertigungsprozeß aus. So ist im Einzelfall zu prüfen, ob die Vorteile für die Montage eines Produkts gegenüber unter Umständen auftretenden Mehrkosten für den Fertigungsprozeß überwiegen. Im Vordergrund der Überlegungen steht die Verringerung der Anzahl der notwendigen Montageschritte, die maßgeblich von der Anzahl der notwendigen Einzelteile bestimmt werden. Außerdem sollte eine Reduzierung der Vielfalt von Einzelteilen durch eine Vereinheitlichung angestrebt werden. Der Produktaufbau selbst kann schließlich wesentlich zur Reduzierung der Montagezeiten und -kosten beitragen.

#### Verringern der Teileanzahl

Ein methodischer Ansatz zur Verringerung der Teileanzahl besteht in der Überprüfung von Funktion und Funktionsträgerstruktur des Erzeugnisses /12/. Verbindungsvorgänge, die nicht ausgeführt werden müssen, sind sicherlich am wirtschaftlichsten. Eine Überprüfung des Produkts führt gegebenenfalls zu der Erkenntnis, daß bestimmte Teile keinen Beitrag zur Erfüllung der Funktion leisten und folglich wegfallen können. Diese Möglichkeit ergibt sich oft dann, wenn aus Gründen der Sicherheit die Funktionsteilung zu weit getrieben wurde. Vielfach sind viele Schrauben und Scheiben ohne Funktion (Abb. 2.4/c). Es kann bereits eine Schraube genügen, wenn zusätzlicher Formschluß ein Verdrehen der verschraubten Teile verhindert (Abb. 2.4/b). Die Anzahl von Schrauben kann auch reduziert werden durch

- Verlängerung des Gewindebolzens,
- Erhöhung des Gewindedurchmessers,
- Verwendung von Schrauben mit höherer Festigkeit und
- Änderung des Anziehverfahrens.

Darüber hinaus sollten gezielte Überlegungen angestellt werden, inwieweit durch eine veränderte Gestaltung mehrere Aufgaben in einem einzelnen Teil zusammengefaßt werden können oder ob umgekehrt die Realisierung von Funktionen in mehreren Teilen zweckmäßiger ist. Aus diesen Überlegungen ergeben sich drei Gestaltungsprinzipien /13/:

o Prinzip der Funktionshäufung

Darunter versteht man die Ansammlung mehrerer verschiedener Funktionen in einem einzigen Gesamtteil. Bei der konstruktiven Gestaltung wird dies als Integralbauweise bezeichnet (Abb. 2.4/a). Vorteilhaft sind die höhere statische und dynamische Steifigkeit, der geringere Bedarf an Verbindungselementen sowie die Einsparung von Montageschritten. Mit der Steigerung der Integration von Einzelteilen in wenige Bauteile erhöht sich auch der Komplexitätsgrad des Bauteils. So sind im Einzelfall die eventuell höheren Fertigungskosten für Integralteile, bedingt durch komplizierte, teuere Sonderwerkzeuge, den eingesparten Montagekosten gegenüber zu stellen. Vorsicht ist auch bei der Integration von zwei Baugruppen mit unterschiedlichem Arbeitsinhalt geboten. Bei einer variantenreichen und einer variantenneutralen Baugruppe ist es bei einem aus beiden Gruppen zusammengefaßten Integralteil notwendig die gesamte Montagelinie ( Werkstückträger, Steuerung, Fördersystem etc.) flexibel zu gestalten. In vielen Fällen kann eine getrennte Montage auf einer billigen,starren Linie für die variantenneutrale Baugruppe und auf einer kostenintensiveren, flexiblen Linie für die variantenreiche Baugruppe trotz Mehrkosten für die Verbindung der beiden Teile wirtschaftlicher sein.

o Prinzip der Funktionsteilung

Hier werden Funktionen von einem Teil auf mehrere fertigungs- oder montagegerechte Einzelteile aufgesplittet. In solchen Fällen wird bei der konstruktiven Gestaltung von der Differentialbauweise /13/ gesprochen.

Vorteile beim Verschrauben können entstehen durch:

- Erhöhung der Zugänglichkeit,
- Bildung von Vormontagebaugruppen,
- Erhöhung der Gleichteillosgrößen,
- Verringerung des Terminrisikos,
- Vereinheitlichung der Fügewege und
- Reduzierung der Größe und Masse der Teile.

Allerdings stehen dem u.a. der erhöhte Zerspanungs- und Montageaufwand sowie ein schlechteres dynamisches Verhalten gegenüber.

o Prinzip der Schachtelbauweise

Kennzeichnend für die Schachtelbauweise ist, daß die einzelnen Funktionsträger sich gegenseitig über Formschluß in einer definierten Position und Orientierung halten. Nur das letzte Element - "der Deckel der Schachtel"- wird durch ein Fügeverfahren (z.B.: Verschrauben) aufgebracht. Diese Bauweise dient vorzüglich zur Rationalisierung von Montageprozessen, da hier die zur Schaffung des Zusammenhalts notwendigen Montageschritte auf ein Minimum reduziert werden, und somit die Zahl der Verschraubungen gesenkt werden kann (Abb. 2.4/d).

Vereinheitlichen von Teilen und Montagefolgen

Zur automatischen Verschraubung unterschiedlicher Einzelteile mit dem gleichen Schraubsystem ist eine Vereinheitlichung der Teile bezüglich Form und Anordnung der Schrauben sehr hilfreich. Die gleiche Teilfunktion (z.B.: Verbinden von zwei Werkstücken) sollte mit gleichen Teilen erzielt werden. Von Nachteil ist in Abb. 2.4/e eine unterschiedliche Montagehöhe, was den Einsatz von billigen, starren Schraubautomaten einschränkt. Die Achse in Fügerichtung muß frei programmierbar oder zumindest in verschiedenen Höhen einstellbar sein. Die Verwendung unterschiedlicher Schraubenarten erschwert das Magazinieren und macht meistens den Einsatz verschiedener Schraubspindeln notwendig. In diesem Zusammenhang ist auch die Erhöhung der Lagerkosten nicht unwesentlich,da verschiedene Schraubentypen bestellt und gelagert werden müssen. Bei variantenreichen Baugruppen verhindert eine unterschiedliche Anordnung der Schrauben den wirtschaftlichen Einsatz von Mehrspindelschraubern. Mit der Vereinheitlichung von Teilen und Montagefolgen erhöht sich die Widerholhäufigkeit in der Montage. Die Verwendung mehrerer verschiedener Schraubwerkzeuge einschließlich der zugehörigen Peripherie entfällt. Die Umrüst- und Umbauzeiten werden erheblich reduziert. Die Verwechslungsgefahr wird gemindert, was eine Qualitätssteigerung des montierten Produkts zur Folge hat. In der automatisierten Montage ergeben sich Notwendigkeiten, die für die Funktion des Produkts ansich nicht notwendig wären. Das Beispiel in Abb. 2.4/f birgt die Gefahr des Verkantens und die ungewollte Erhöhung der Flächenpressung durch gegenseitige Richtungsbeeinflussung. So sollten nur maximal drei Schraubenrichtungen, deren Achsen senkrecht aufeinander stehen, vorgesehen werden. Dies ermöglicht ein einmaliges Anziehen der Schrauben und den Einsatz von Koordinatentischen oder Portalrobotern mit nur drei translatorischen Achsen. Die Schraubenverteilung über eine Fläche sollte einfache Wege des automatischen Schraubers gewährleisten und durch wenige Richtungsänderungen sollten mehrere Schraubenlöcher erreicht werden können (Abb. 2.4/h).

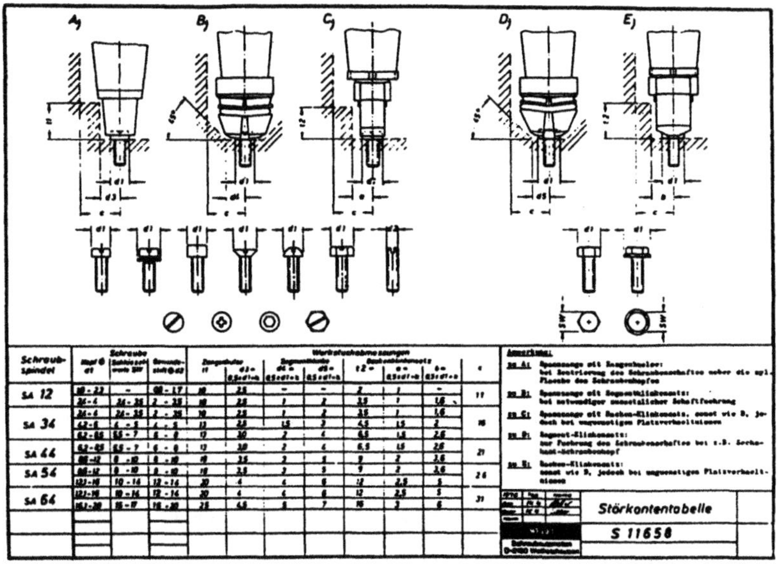


Abb. 2.3 : Störkantentabelle /23/

Ein weiterer Punkt ist die Berücksichtigung des Montagewerkzeuges. Für den Einsatz von automatischen Schraubern muß ausreichend Platz vorhanden sein. So ist bereits bei der Konstruktion eines Produkts der mögliche Einsatz von Schraubautomaten zu beachten. Dabei kann der notwendige Raum am Produkt selbst geschaffen werden, durch:

* günstigere Wahl der Bohrung unter Einbeziehung von Störkantentabellen (Abb. 2.3) für Schraubspindeln,
* größeren Achsabstand der Schrauben zueinander (Abb. 2.4/g) für den Einsatz von Mehrspindelschraubern.

Läßt sich eine Bohrung aus konstruktiven Gründen nicht günstiger plazieren, ist oftmals mit der Wahl eines anderen Schraubenkopfes (Imbus,Kreuzschlitz, Torx) ein besserer Werkzeugeinsatz möglich.

Montagefreundlicher Produktaufbau

Für den montagefreundlichen Produktaufbau ergeben sich eine Vielzahl von Bereichen, die berücksichtigt werden müssen. Mehrere Arbeiten beschäftigen sich ausführlich mit dieser Thematik /12/, /14/, /15/, /16/, /17/.

Grundsätzlich sollte für jede Baugruppe ein Basisteil konzipiert werden. Eine günstige Gestaltung des Basisteils hat den Vorteil, daß es auf dem Montageplatz lagestabil abgelegt bzw. mit einfachen Mitteln festgelegt oder gespannt werden kann, so daß alle Montageoperationen ohne Lageänderung des Basisteils möglich sind. Weiterhin sollte man bestrebt sein,das Produkt so zu konstruieren, daß sich jedes zu montierende Teil im Basisteil oder dem zuletzt montierten Teil in einer einheitlichen Fügerichtung aufnehmen bzw. zentrieren läßt (Abb. 2.4/k). In Produkten,die nach diesem Prinzip der "Sandwichbauweise" oder "Stapelkonstruktion" gestaltet sind, ergibt sich ein technologisches Optimum, da sich die Teile gegenseitig zentrieren und meist zusätzlich eine Montage von oben möglich ist. Diese Montagerichtung bietet den Vorteil, daß die Montagetätigkeit von der Schwerkraft unterstützt wird. Unterschiedliche Fügerichtungen erfordern Zusatzbewegungen beim Handhaben der Einzelteile (z.B. Drehen, Wenden), die oft nur durch mehrachsige Montageroboter oder Wendestationen verwirklicht werden können. Eine einheitliche Fügerichtung gestattet, die Anzahl der notwendigen Montageschritte zu verringern und ermöglicht ein paralleles Ausführen dieser Schritte durch den Einsatz von z.B. Mehrfachschraubern. Für Verbindungen von Werkstücken durch z.B. Kreuzschlitzschrauben ist es notwendig, daß zur Aufnahme der notwendigen Drücke, Auflageflächen am Basisteil geschaffen werden, da sowohl ein Anzugsmoment als auch eine axiale Kraft zur Verschraubung benötigt wird. Eine günstige Gestaltung des Basisteils liegt dann vor, wenn es auf dem Montageplatz lagestabil abgelegt bzw. mit einfachen Mitteln festgelegt werden kann, so daß alle Montageprozesse ohne Lageänderung vollzogen werden können (Abb. 2.4/l).

Die Konstruktion unabhängig vormontierbarer Baugruppen erhöht die Zugänglichkeit für automatische Schraubwerkzeuge (Abb. 2.4/i,j). Außerdem wird durch die Herausnahme einer Baugruppe aus einem konventionellen Montageband in eine separate Linie die Möglichkeit zu einer Automatisierung geschaffen. Beispiel hierfür ist der Trend zur separaten Türenmontage in der Pkw-Industrie. Voraussetzungen, wie die exakte Positionierung der Einzelteile, ein erhöhter Raumbedarf für Montageautomaten und Industrieroboter sowie der notwendigen Peripherie, die Einbeziehung von Puffern zur Erhöhung der Verfügbarkeit dieser komplexen Anlagen, die Erfüllung von Sicherheitsvorschriften u.a., können oftmals nur in einer separaten Linie erfüllt werden.

## 2.3.2 Gestaltungsbereich Verbindung

Bei der Auslegung einer gewöhnlichen Schraubenverbindung können 20 % der Kosten durch das Verbindungselement und 80 % der Kosten durch den Montagevorgang selbst verursacht werden /18/. Durch eine entsprechende Auslegung von Schraubenverbindungen können somit bereits in der immateriellen Entstehungsphase des Produkts durch den Konstrukteur in der Montage zu erwartende Kosten vermindert werden. Damit reduzieren sich die Gesamtkosten einer Schraubenverbindung erheblich. Eine entsprechende Gestaltung der am Verbindungsprozeß beteiligten Elemente ermöglicht den Einsatz verschiedener Füge- und insbesondere Schraubverfahren.

# GESTALTUNGSBEREICH: Produkt

## 1. Verringern der Teilezahl

| Gestaltungsrichtlinie | ungünstig | günstig | Gestaltungsrichtlinie | ungünstig | günstig |
|---|---|---|---|---|---|
| Integralbauweise a | 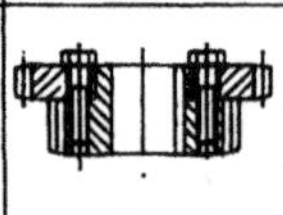 | 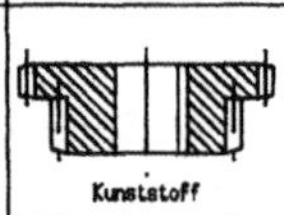  | Bauteilbefestigung mit nur einer Schraube und einem Stift b | 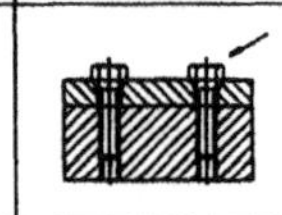 | 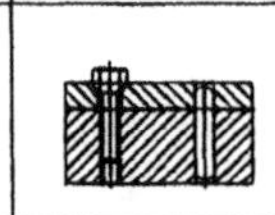 |
| Zusammenfassen von Schrauben gleicher Funktion (Dimensionierung beachten) c | 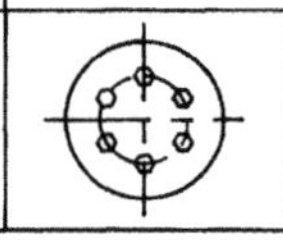 | 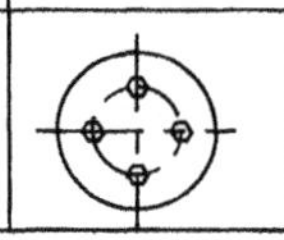 | Schachtelbauweise (Einsparung von Schrauben möglich) d | 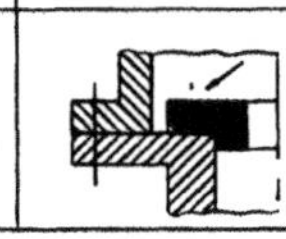 | 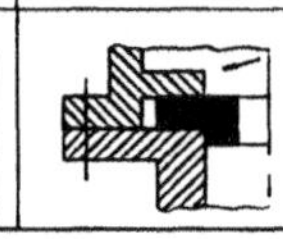 |

## 2. Vereinheitlichen von Teilen und Montagefolgen

| Gestaltungsrichtlinie | ungünstig | günstig | Gestaltungsrichtlinie | ungünstig | günstig |
|---|---|---|---|---|---|
| Gleiche Schrauben bei gleicher Funktion e | 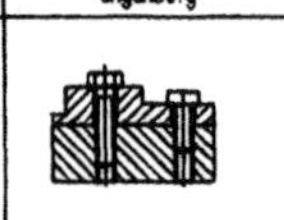 | 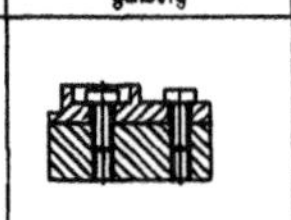 | Schraubenachsrichtung verringern - einmaliges Anziehen - Flächenpressung vermeiden f | 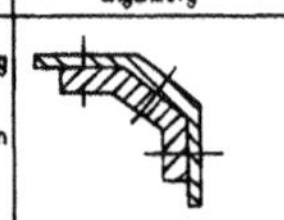 | 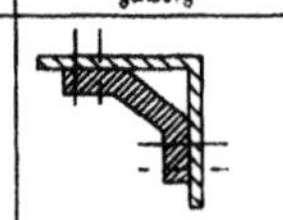 |
| Mehrfachschrauber verwenden können - Imbußschrauben - Abstände vergrößern g | 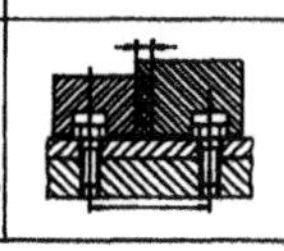 | 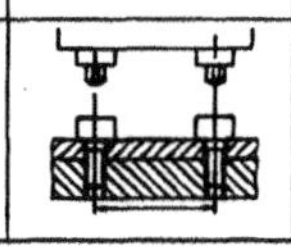 | Schraubenverteilung über eine Fläche vereinfachen h | 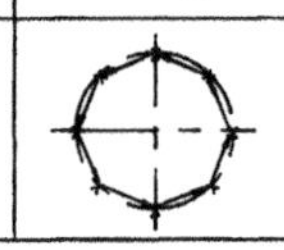 | 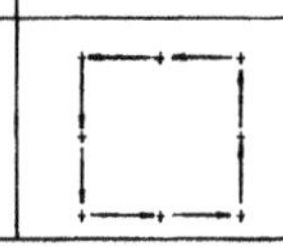 |

## 3. Montagefreundlicher Produktaufbau

| Gestaltungsrichtlinie | ungünstig | günstig | Gestaltungsrichtlinie | ungünstig | günstig |
|---|---|---|---|---|---|
| Unabhängig vormontierbare Baugruppen i | 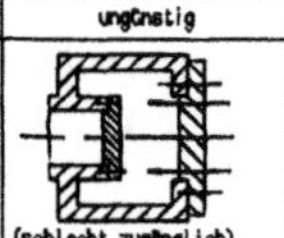  | 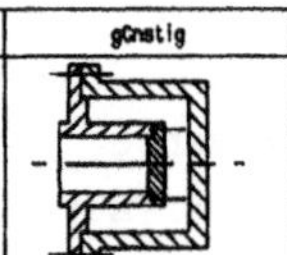 | Für Werkzeuge ausreichend Platz schaffen j | 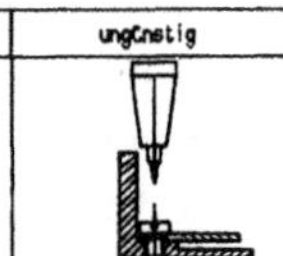 | 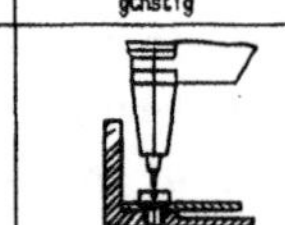 |
| Einheitliche Fügerichtung (Schichtbauweise) k | 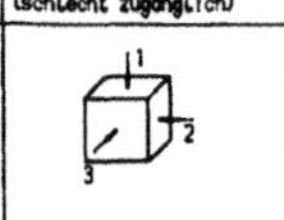 | 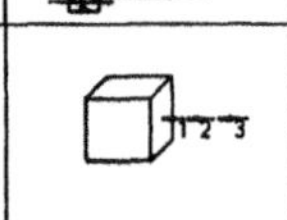 | Geeignete Auflageflächen schaffen l | 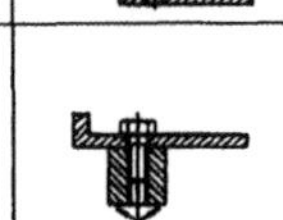 | 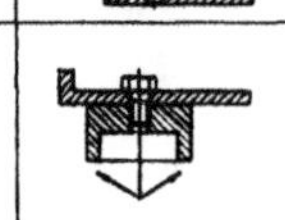 |

**Abb. 2.4 : Automatengerechte Gestaltung für das Verschrauben im "Gestaltungsbereich Produkt"**

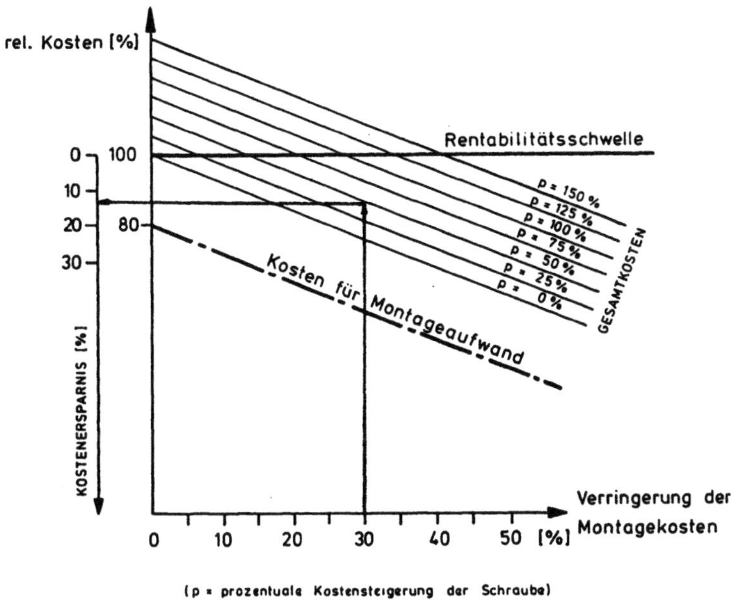


Abb. 2.5 : Kostenbetrachtung bei Variation der Schrauben bzw. Montageverfahren

Das Nomogramm (Abb.2.5) zeigt, daß trotz Verwendung einer um 50 % teueren Schraube bei einem dadurch anwendbaren,um 30 % billigeren, Montageverfahren eine Gesamtkostenersparnis von 14 % entsteht. Hierbei wird deutlich, daß eine oftmals übliche ausschließliche Berücksichtigung von Kosten für Fertigungs- oder Kaufteile in der Wirtschaftlichkeitsbetrachtung nicht immer die optimalen Gesamtkosten für eine Verbindung wiedergibt. Kenntnisse über Art und Kosten von alternativen Montageverfahren und von verschiedenen Verbindungselementen ermöglichen die Gestaltung einer wirtschaftlichen Verbindung.

Verringern der Verbindungselemente

Grundsätzlich sollte jede Schraubverbindung auf ihre Notwendigkeit hin überprüft werden. Es ist zu untersuchen, ob ihre Hauptfunktion, nämlich das lösbare Zusammenschließen zweier widerstandsfähiger Körper und deren Zusammenhalten unter Beanspruchung durch definierte Betriebskräfte, nicht anders erzielbar ist. Eine mögliche Alternative zur Schraubenverbindung stellt eine Schnapp- oder Rastverbindung dar (Abb.2.9/a). Sie kann durch eine einfache Fügebewegung hergestellt werden. Das Verbindungselement wird während der Fügebewegung elastisch verformt und nimmt nach Abschluß des Fügeprozesses wieder seine Ausgangsstellung ein. Die Haltekraft wird über Formschluß, der des öfteren mit Kraftschluß kombiniert ist, erreicht. Die Möglichkeit zur flexiblen Automatisierung dieses Fügeverfahrens mit Industrierobotern wurde durch eine Effektorkonstruktion zum Verklipsen einer PKW-Türinnenverkleidung aufgezeigt (Abb. 2.6). Der Klips wird in einem Vibrationswendelförderer gebunkert und geordnet. Über einem Trennschieber werden die Klipse vereinzelt und mit Preßluft unterstützt über einen Profilschlauch dem Effektor zugeführt. Dieser bringt die erforderliche Fügekraft über das Impulsübertragungsprinzip auf. Durch die sekundenschnelle Montage und aufgrund der geringen Material- und Herstellungskosten ist dieses Verbindungsverfahren relativ kostengünstig.

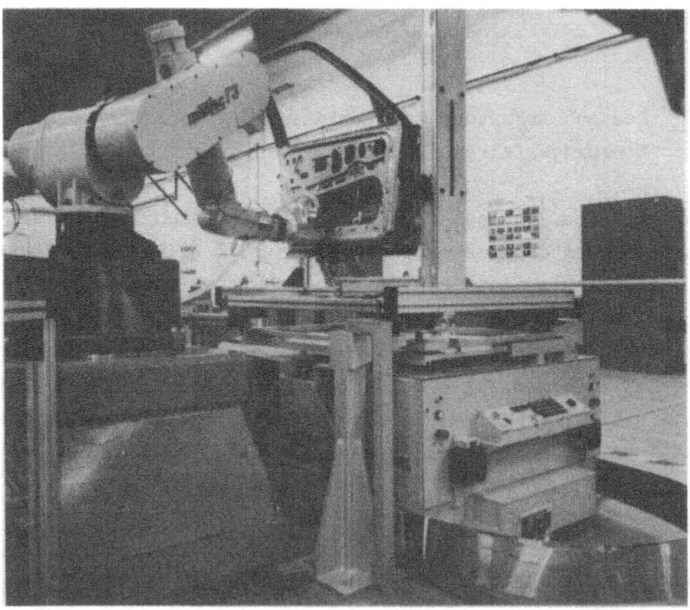

Abb. 2.6 : Automatisches Setzen von Klipsen mittels Industrieroboter

Ist aus Gründen der Festigkeit, der Fertigung, der Funktion, der Werkstoffausnutzung, der Wartung und Reparatur usw. eine Schraubenverbindung unabdinglich,so benötigt der Konstrukteur ein umfangreiches Fachwissen über alternative Verschraubungsmöglichkeiten. Erst die Kenntnis über Art und Kosten von alternativen Montageverfahren und von verschiedenen Schraubenarten ermöglichen die Gestaltung einer wirtschaftlichen Verbindung /24/. Die Abhängigkeit zwischen Montageaufwand und Verbindungsart wird in Abb.2.7 dargestellt.

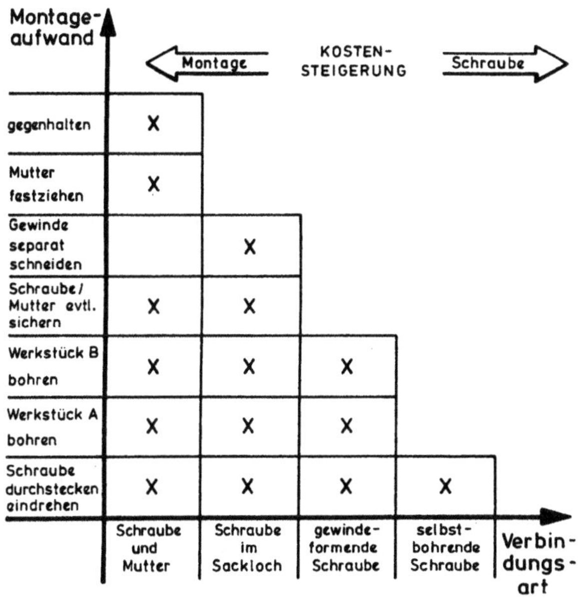


Abb. 2.7 : Abhängigkeit zwischen Montageaufwand und Verbindungsart bei Schraubenverbindungen

Allein die Anzahl der notwendigen Montagetätigkeiten macht die hohen Kosten für den Montageanteil einer Schraube mit Mutter deutlich. Eine Schraube in einem Sackloch montiert erfordert zwar ein separates Schneiden des Gewindes, jedoch entfällt dadurch das Gegenhalten und Festziehen der Mutter.

Besonders für eine kostengünstige Automatisierung von Schraubtätigkeiten ist dies von großer Bedeutung. Die bisher auf dem Markt käuflichen Roboter sind einarmig. Das Montieren mit zwei Industrierobotern an einem Werkstück bringt erhebliche Kollisions- und Positionierprobleme mit sich. Eine automatisierte "Beidhandarbeit" ist nur mit großem technischen Aufwand und meist nur durch den Einsatz teurer Sensorik möglich. Der Verwendung von gewindeformenden Schrauben sind allerdings oftmals durch Anforderungen an Materialart, Belastungshöhe, etc. Grenzen gesetzt. Die geringsten Montagekosten entstehen bei der Integration sämtlicher für eine Schraubverbindung erforderlicher Arbeitsgänge in einen einzigen Vorgang. Die selbstbohrende Schraube erfüllt diese Anforderung. Auch hier ist die Einsatzmöglichkeit dieser Verbindung vom Produkt und vom Einsatzfall abhängig. So können selbstbohrende Schrauben niemals in Sacklochbohrungen eingesetzt werden. In der Endmontage auftretende Späne sind ebenfalls meistens unerwünscht. Grundsätzlich sollte der Konstrukteur bestrebt sein, den Aufwand und damit die Kosten für Montagevorgänge unter Berücksichtigung der Kosten für die Schraube, die auch von der späteren Bestellmenge abhängen, möglichst gering zu halten.

Fügevorgänge vereinfachen

Für den Montageprozeß hat die Fügerichtung und die Art der Fügebewegung einen großen Einfluß auf die technische und wirtschaftliche Realisierbarkeit einer Automatisierung. In einer automatisierten Montagelinie werden die Einzelteile meistens auf einem Werkstückträger montiert, d.h. sie können ohne aufwendige Zusatzbewegungen nur von einer Seite her zusammengebaut werden (Abb. 2.9/e). Verbindungen sind also derart zu gestalten, daß zumindest ein Wenden entfällt. Durch eine einheitliche Fügerichtung kann außerdem die Kinematik des Handhabungsgeräts für die Schraubspindel wesentlich vereinfacht werden. Des weiteren kann man durch eine entsprechende Anordnung der Fügestellen die Zugänglichkeit und Beobachtbarkeit verbessern.

Ein gleichzeitiges Einführen verschiedener Absatzflächen anderer Schrauben sollte vermieden werden, da bereits geringe Winkelfehler (oftmals allein durch das Eigengewicht des Bauteils hervorgerufen) das Zusammenfügen der Teile erschweren können (Abb. 2.9/d).

Eine für das automatische Montieren fast unabdingbare Voraussetzung ist das Verwenden von Fügehilfen. Sie können für eine Zentrierung der zu verschraubenden Teile gegeneinander in Form von Sicken, Schrägen, Anschlägen usw. an den Werkstücken angebracht werden (Abb. 2.9/c). Um ein Verschrauben bei großen Toleranzen, Fertigungs- und Montagefehlern oder Positionierungenauigkeiten zu ermöglichen, sind Fasen an Werkstück und Schraube anzubringen (Abb. 2.9/f). Einweisspitzen an Schrauben sind dann von Nutzen, wenn noch ein zusätzliches loses Teil ausgerichtet werden soll bzw. eine kompliente Aufhängung des Werkstücks oder von Elementen des Schraubsystems vorhanden ist (vergl. Kap.3). Der grundsätzliche Zusammenhang zwischen maximal möglichen Exzentritäten und dem Durchmesser von Fasen ist in Abb. 2.8 dargestellt.

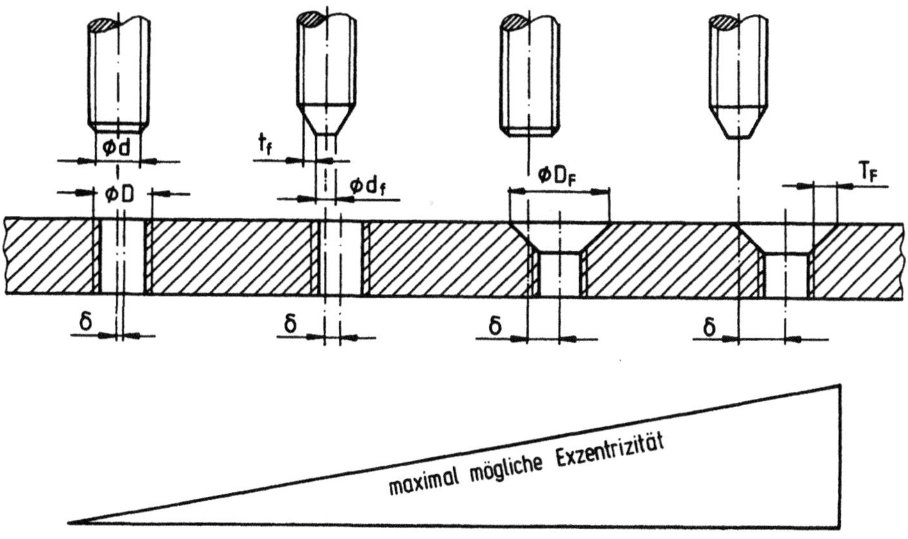


Abb. 2.8 : Maximal mögliche Exzentrizität bei verschiedenen Fasen bzw. Senkungen

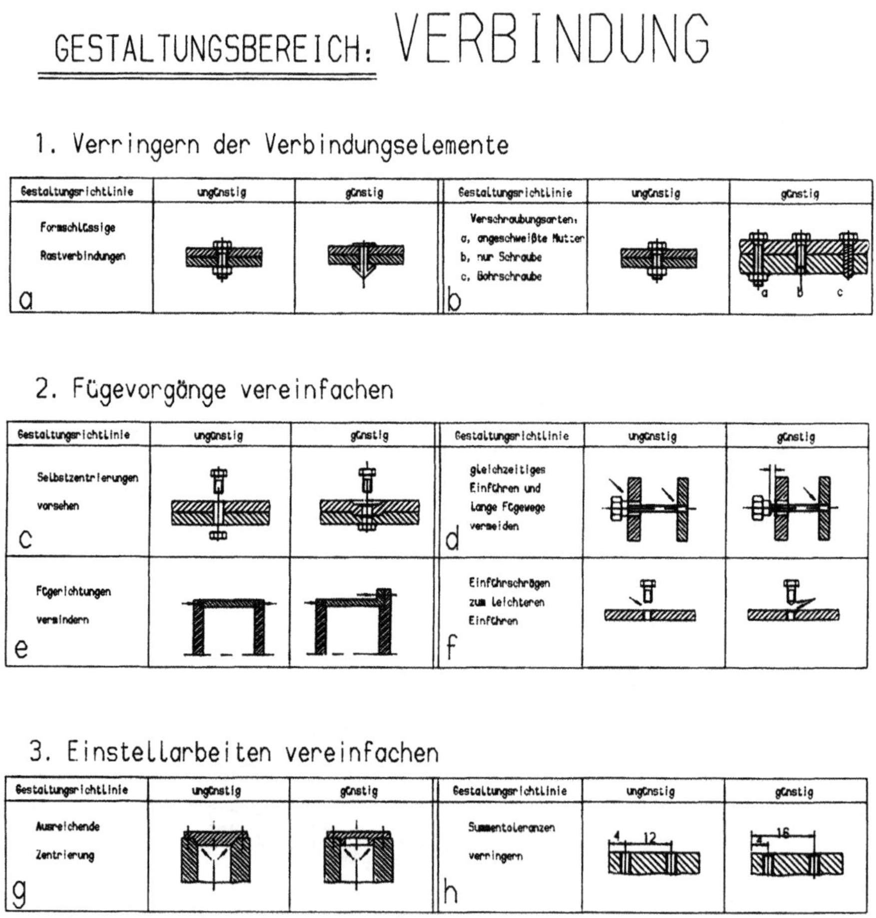


**Abb. 2.9 : Automatengerechte Gestaltung für das Verschrauben im "Gestaltungsbereich Verbindung"**

Einstellarbeiten vereinfachen

Für die Einzelteile ergeben sich Fertigungstoleranzen, für den Fügevorgang Funktionstoleranzen, die angeben, um welchen Betrag die Orientierung und die Position der Teile vom Sollwert abweichen dürfen. Beide beeinflussen sich gegenseitig, d.h. die beim Zusammenbau realisierbaren Funktionstoleranzen ergeben sich im wesentlichen aus der Summe der Fertigungstoleranzen der einzelnen Teile und der Positioniergenauigkeit des Roboters. Oft sind aber die notwendigen Fertigungstoleranzen nicht wirtschaftlich realisierbar und folglich die geforderten Funktionstoleranzen nicht im ersten Montageschritt herstellbar. Es besteht daher häufig die Aufgabe, zu große Abweichungen durch einen zusätzlichen Montageschritt, "dem Justieren", auszugleichen.

Eine ausreichende Zentrierung verhindert ein Verkanten und ein schräges Anflanschen der Teile. Somit fluchten die zu verschraubenden Verbindungsstellen genau (Abb.2.9/g). Bei einem geometrisch günstig angeordneten Verschraubungsbild wird nicht jede einzelne Verbindungsstelle "eingeteacht". Die Robotersteuerung errechnet sich über wenige "eingeteachte" Referenzpunkte die restlichen zu verschraubenden Stellen. Um nun die Funktionstoleranzen dieser Verbindungsstellen einzuhalten, müssen Summentoleranzen vermieden werden (Abb. 2.9/h).

### 2.3.3 Gestaltungsbereich Einzelteil

Kennzeichnend für diesen Gestaltungsbereich sind beim automatischen Verschrauben als Einzelteile Schrauben in den verschiedensten Ausführungen, Muttern und Sicherungselemente. Sie nehmen innerhalb eines Verbindungsprozesses eine zentrale Stellung ein. Deshalb ist ihre automatisierungsgerechte Gestaltung unabdingbare Voraussetzung für den Einsatz von Automaten an einem zu verschraubenden Produkt. Wendet der Konstrukteur auch hier die Empfehlungen aus den vorangegangenen Abschnitten, wie

- das Zusammenfassen verschiedener Funktionen auf ein Teil,
- das Vereinfachen von Fügebewegungen und
- das Vereinheitlichen von Teilen

an, so führt dies zu einem vereinfachten und damit leichter automatisierbaren Montageprozeß. Vor allem ist bei diesen Kleinteilen dem Speichern, Handhaben, Identifizieren und Ordnen ein besonderes Augenmerk zu widmen.

Zeitsparende Verschraubungs- und Sicherungselemente

Eine Alternative zur Schraube nach DIN 588 stellen Gewindeschneid- und Bohrschrauben dar (Abb. 2.11/a). Das Wegfallen von Arbeitsgängen ermöglicht eine erhebliche Reduzierung der Kosten. Die Verwendung und die Automatisierung ist jedoch durch Faktoren wie Werkstoff der zu verbindenden Teile, aufzubringende Kräfte etc. nur begrenzt möglich.

Die Vorteile der Vereinheitlichung wurden bereits in Abschnitt 2.3.1 diskutiert. Abb.2.11/c zeigt, daß eine sinnvolle Vereinheitlichung des Schraubenkopfes zur Einsparung der Umrüstzeiten für das Werkzeug führt. Schrauben mit niedriger Festigkeitsanforderung können trotz verschiedener Gewindedurchmesser oder Länge mit Schraubköpfen gleicher Abmessung versehen werden. Somit ist es vorstellbar, daß eine ganze Bauteilgruppe mit derselben, auf nur eine Kopfgröße ausgelegten Schraubspindel verschraubt wird. Die Schrauben werden in verschiedenen Vibrationswendelförderern gebunkert geordnet und am Auslauf über eine Vereinzelungsvorrichtung der Spindel zugeführt. Nachteilig kann sich jedoch die schlechte Identifizierbarkeit beim Befüllen der Fördertöpfe auswirken.

Ein Ansatzpunkt für eine Montagezeitverkürzung ist das zeitsparende Sichern von Schraubenverbindungen. Abb. 2.11/b und 2.11/d zeigen exemplarisch die Vielzahl von Möglichkeiten, die traditionelle Art der Schraubensicherung mit Hilfe des Federrings zu ersetzen. Beispielhaft seien folgende Möglichkeiten aufgeführt:

- unverlierbar aufgerollter Federring (z.B.: SURBUS /RIBE)
- angestauchte Scheibe mit Zahnkranz (z.B.: VERBUS RIPP /RIBE)
- Beschichtung mit mikroverkapseltem Kleber ( Bauer &Schaurte Neuss)
- Beschichtung mit Nylon (Kerb-Konus-Vertriebs-GmbH Amberg).

Die letzten drei Beispiele sind analog auch für Muttern anwendbar.

Speichern, Identifizieren, Ordnen und Weitergeben erleichtern.

Der Industrieroboter allein besitzt heute noch nicht ausreichende sensorische Fähigkeiten,ein Einzelteil in beliebiger Position und Orientierung aufzunehmen. Es befinden sich zwar eine größere Anzahl von Sensorsystemen für derartige Aufgaben auf dem Markt, bei entsprechend hohen Anforderungen an die Zuverlässigkeit und die Wirtschaftlichkeit sind sie aber nur in beschränktem Umfang einsetzbar. In vielen Fällen erscheint eine mit einfacher Sensorik unterstützte mechanische Ordnungseinrichtung als sinnvoll. Dabei ist zu berücksichtigen, daß die in der Praxis vielfach eingesetzten automatischen Ordnungseinrichtungen oft nach geometrischen Merkmalen und nach der Verteilung der Masse ordnen. Voraussetzung für die Einsatzmöglichkeit von Zwangsdurchlaufsystemen sind gewisse Unterscheidungsmerkmale und Vorzugslagen der Werkstücke. Die Vorzugslage eines Werkstücks ist diejenige stabile Werkstücklage, die ein Teil aufgrund seiner Geometrie und Schwerpunktlage vorzugsweise einnimmt, wenn es unter konstantem Krafteinfluß sich selbst überlassen wird /19/.

In Verbindung mit passiven und aktiven Schikanen wird das zu montierende Teil dann in eine eindeutige Position und Orientierung gebracht. Voraussetzung dazu ist eine entsprechende Gestaltung der Werkstückgeometrie, -masse und -oberfläche. Anhand der folgenden Beispiele sollen lediglich Hinweise auf mögliche Gestaltungsrichtlinien gegeben werden.

Mit dem geringeren Gewicht des Schraubenkopfes (Abb.2.11/e) wird die Grenze der Kopf- zur Schaftlastigkeit verschoben. Dies wirkt sich bei einer automatischen Schraubenzuführung beim Einsatz in Verbindung mit Industrierobotern positiv aus, da bei schaftlastigen Schrauben ein mit Preßluft unterstütztes Zuführen durch einen einfachen flexiblen Kunststoffschlauch (Abb. 2.10) möglich ist (siehe Kap. 4). Bei kopflastigen Schrauben (Gesamtlänge L kleiner oder gleich dem Kopfdurchmesser der Schraube D plus 2 mm) z.B. kurze Schrauben mit angestauchter Scheibe ist auch eine Zuführung über Profilschläuche denkbar (Abb. 2.10). Die Kosten hierfür sind jedoch erheblich höher.

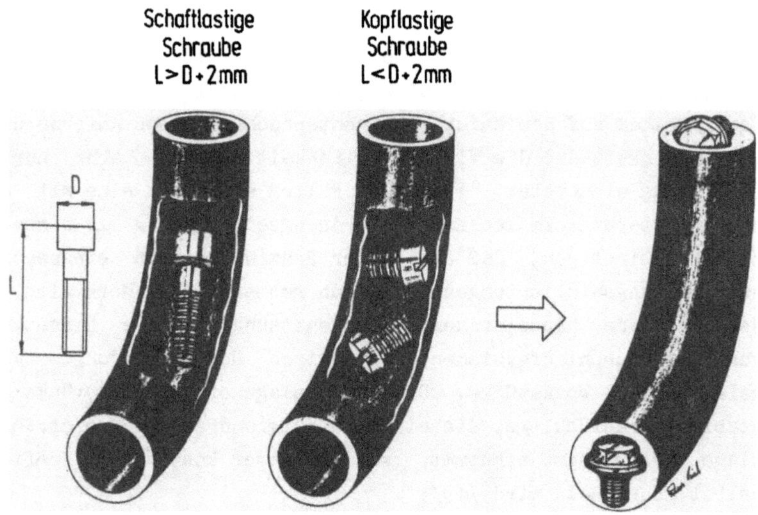


Abb. 2.10 : Zuführmöglichkeit für kopflastige Schrauben

Werden Schrauben auf Gleitschienen gefördert, z.B. bei Vibrationsförderern, so müssen eindeutige Auflageflächen geschaffen werden, die ein Verkanten oder Übereinanderschieben verhindern (Abb. 2.11/g).

Ist eine selbstsichernde Mutter mit vorgeschriebener Anschraubrichtung zu montieren, so ist ein Ordnen auf eine Seite notwendig. Beim Transport auf der Wendelschiene im Vibrationstopf können Teile mit falscher Lage mittels Schikanen (Abstreifbleche, etc.) ausgesondert werden. Zu dieser Lageüberprüfung ist allerdings eine geeignete Gestaltung der Außenkontur notwendig (Abb. 2.11/i).

# GESTALTUNGSBEREICH: Einzelteil

## 1. Zeitsparende Verschraubungs- und Sicherungselemente

| Gestaltungsrichtlinie | ungünstig | günstig | Gestaltungsrichtlinie | ungünstig | günstig |
|---|---|---|---|---|---|
| a selbstformende Verbindungselemente - Gewindeschneidschr. - Bohrschraube |  |  | b vorgefügte Sicherungselemente - unverlierbar (a) - mit Kleber (b) |   | 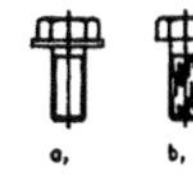  |
| c Verwendung gleicher Schraubenköpfe (kein Werkzeugtausch nötig) | 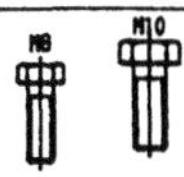  | 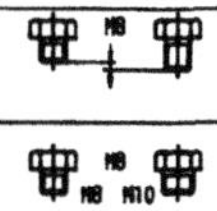  | d Integrale Sicherungselemente (z. B. Zahnmutter) |  |  |

## 2. Speichern, Identifizieren, Ordnen und Weitergeben erleichtern

| Gestaltungsrichtlinie | ungünstig | günstig | Gestaltungsrichtlinie | ungünstig | günstig |
|---|---|---|---|---|---|
| e Schwerpunktlage verändern - Kopflastig - Schaftlastig |  |  | f bessere Orientierung durch Erhöhung der Symmetrie | 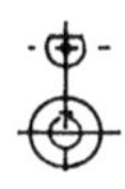 |  |
| g Eindeutige An- und Auflageflächen (Übereinanderschieben, Verkanten vermeiden | 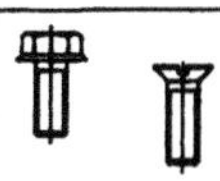 | 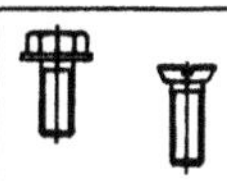 | h Bei ähnlichem Innendurchmesser deutlich größerer Aussendurchmesser | 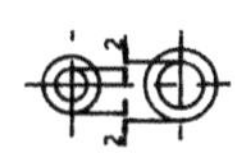 | 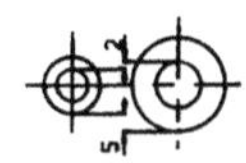 |
| i Lageüberprüfung ermöglichen (sichernde Mutter mit Einschraubrichtung) | 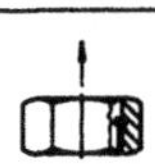 | 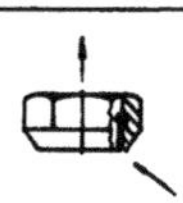 | j Verhaken vermeiden (Federscheibe verwenden) |   |   |

## 3. Krafteinwirkung optimieren

| Gestaltungsrichtlinie | ungünstig | günstig | Gestaltungsrichtlinie | ungünstig | günstig |
|---|---|---|---|---|---|
| k "Cam - out" vermeiden |   | 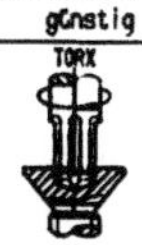  | l Kraftübertragung über Flächen | 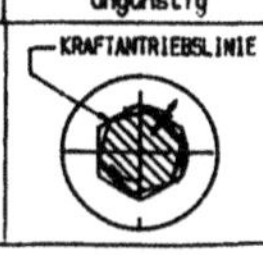  |   |

Abb. 2.11 : **Automatengerechte Gestaltung für das Verschrauben im "Gestaltungsbereich Einzelteil"**

Eine Erhöhung der Symmetrie erleichtert den Montageprozeß, da beim Ordnen im Vibrationswendelförderer und bei der Montage mehrere Orientierungen möglich sind (Abb. 2.11/f).

Um Verwechslungen beim Beladen von Magazinen etc. zu vermeiden sind markante geometrische Merkmalsunterschiede vorzusehen. Dies kann beispielsweise bei Scheiben mit ähnlichem Innendurchmesser ein deutlich unterschiedlicher Außendurchmesser sein (Abb. 2.11/h).

Ein großes Problem stellt das Trennen und Weitergeben von Wirrteilen dar. Um ein Verhaken zu vermeiden, sollte z.B. bei einem Federring die Spaltbreite kleiner sein als die Materialstärke an der dünnsten Stelle. Am günstigsten ist die Verwendung von geometrisch geschlossenen Teilen, welche dieselbe Funktion erfüllen, wie z.B. Federscheiben (DIN 137) (Abb. 2.11/j).

## 2.4 Erhöhung der Wirtschaftlichkeit von Schraubverfahren

Faktoren wie Werkzeugstandzeiten, Schraubenverschleiß, schneller Werkzeugeingriff und zusätzlich auftretende Kraftkomponenten haben entscheidenden Einfluß auf die Kosten für einen Schraubprozeß. Die Wahl einer geeigneten Kopfform der Schraube ist für diese Kriterien mitbestimmend. Beim Übertragen der Anzugsmomente vom Schrauberbit über den Schraubenkopf auf die Schraube selbst ist es notwendig, die Flächenpressung zu betrachten.
Schrauben mit Innen- oder Außensechskant weisen bei zunehmender Bitabnutzung ungünstige Kraftübertragungsverhältnisse auf, die sich oftmals auf eine Linien- oder sogar Punktberührung beschränken (Abb.2.11/l). Somit entstehen an diesen Stellen extrem hohe Flächenpressungen. Diese können eine plastische Verformung bzw. bei sehr hohen Spannungsspitzen sogar Ausbrüche an den Kanten des Schraubenkopfs oder des Werkzeugs bewirken. Eine wellenförmige Kraftangriffsflächengeometrie (z.B. TORX-Schraube) kann das Drehmoment über breite Flächen übertragen. Beschädigungen des Schraubenkopfs oder Werkzeugs werden somit gemindert. Zur Verbesserung des Werkzeugeingriffs kann ein "Vielzahnantrieb" beitragen, was z.B. bei zwölf Rundungen oder Zähnen alle 30 Grad der Fall ist. Gute Voraussetzungen zum Einführen der Schraube in die Gewindebohrung bietet die Kombination Kreuzschlitzkopf

mit Kreuzschlitzbit (Bit = Schraubenziehereinsatz), der unter Rotation die Schraube selbstzentrierend ausrichtet. Ein schneller Werkzeugeingriff ist ebenfalls gegeben.Jedoch gerade beim Verschrauben mit dem Industrieroboter, der möglichst gering mit Reaktionskräften beansprucht werden soll, weist der Kreuzschlitzantrieb einen großen Nachteil auf. Die konischen Kraftangriffsflächen bewirken Rückschubkräfte beim Anziehen, die die Klinge aus dem Schraubenkopf heraustreiben (Abb. 2.11/k). Diesem "cam-out-Effekt" kann nur durch erhöhten achsialen Anpreßdruck entgegengewirkt werden. Die erhöhten Beanspruchungen des Roboters, des Werkzeugs und des Werkstücks durch diese zusätzliche achsiale Kraftkomponente werden bei geraden Angriffsflächen im Schraubenkopf vermieden.

Mit der konstruktiven Auslegung von Schraubenverbindungen sind ebenfalls erhebliche Kosteneinsparungen zu erzielen. Die Auslegung erfolgt in der Regel in verschiedenen Iterationsschritten /20/.

Nach einer ersten groben Vordimensionierung der Schraubenverbindung aufgrund von Tabellen /20/ kann eine genauere Berechnung der Schrauben nach der Montagevorspannkraft erfolgen. Diese Berechnung kann mehrmals unter Veränderung der Variablen folgender Formel durchgeführt werden:

$$F_{M_{max}} = \alpha_A \, (F_V + F_Z + (1 - n * \Phi_k) * F_A) \qquad (2.1)\ /20/$$

mit $F_{M,max}$ maximale Montagevorspannkraft

$\Phi_k$ Kraftverhältnis unter Auswirkung der elastischen Verformung der Schraube und verspannten Flansche,

$n$ Abstand der Angriffsstellen der axialen Betriebskräfte,

$F_V$ Mindestklemmkraft,

$F_Z$ Vorspannverlust durch Setzen und

$F_A$ Axialkraft im Schraubenbolzen.

$\alpha_A$ Faktor zur Berücksichtigung der Anziehgenauigkeit

Neben der Vorspannkraft $F_V$ und dem Vorspannkraftverlust durch Setzen $F_Z$ ist der Anziehfaktor $\alpha_A$ entscheidend für die maximal notwendige Montagevorspannkraft $F_{M_{max}}$ im Schraubenbolzen. Somit kann mit der Wahl des Anziehverfahrens die Dimensionierung der Schraube und damit die Kosten der Schraube selbst beeinflußt werden. Gemäß /21/ sind Anziehfaktoren für die verschiedenen Anziehverfahren ermittelt worden. Beim Winkelanziehverfahren und beim streckgrenzenkontrollierten Anziehen wird die erreichte Montagevorspannkraft durch die Werkstoffstreckgrenze der Schraube begrenzt. Bei einer Reduzierung der Reibungseinflüsse durch eine entsprechend gute Schmierung kann die Streuung der Vorspannkräfte vernachlässigbar werden. Somit beträgt der Anziehfaktor $\alpha_A$, der aus dem Quotienten von maximaler zu minimaler Vorspannkraft gebildet wird, annähernd 1. Beim Anziehen mit Drehmomentschlüssel oder eingestellten Drehschraubern wird aufgrund von Streuungen der Vorspannkräfte und des Anziehdrehmoments $\alpha_A$ zwischen 1,4 und 1,6 angesetzt. Drehschlagschrauber, die durch vorgeschaltete Torsionsstäbe an den Schraubfall angepaßt worden sind, streuen in ihren Anzugswerten relativ weit. Dies bedeutet einen Anziehfaktor von rund 2,5. Beim Anziehen von Hand bzw. mit Schlagschrauber ohne Einstellkontrollen muß mit einem Anziehfaktor von mindestens $\alpha_A = 4$ gerechnet werden.

Man kann also bei der Suche nach einer kostengünstigen Schraube folgendermaßen vorgehen:

* Die benötigte Vorspannkraft $F_{V_{min}}$ wird bei der Konstruktion festgelegt.
* Zur Auswahl stehen verschiedene Schraubenanzugsverfahren mit den entsprechenden Anziehfaktoren.
* Die Reibungszahl $\mu$ wird durch Flansch und Schraube festgelegt (aus Tafel, Tabellen, Herstellerangaben etc.)
* Aus Tabellen /20/ werden die in den Festigkeitsklassen dazu passenden Schrauben ermittelt.
* Aus Vergleichstabellen ergeben sich damit für die verschiedenen Anzugsverfahren die jeweils günstigste Auslegung der Verbindung.

Da der Anzugsfaktor $\alpha_A$ in Beziehung (2.1) für die Auslegung der erforderlichen Montagevorspannkraft ausschlaggebend ist,kann eine mit einem streckgrenzenkontrollierten Anzugsverfahren ausgelegte Verbindung mit einer Schraube M 6 - 8.8 versehen werden. Für dieselbe mit der Hand angezogene Schraube ist durch den vierfachen Anzugsfaktor eine Schraube M 12 - 8.8 erforderlich. Wie aus Abb. 2.12 ersichtlich ist, ergeben sich je nach Anzugverfahren Unterschiede in der geforderten Festigkeit der verwendeten Schrauben, und damit bei großen Stückzahlen erhebliche Preisunterschiede.

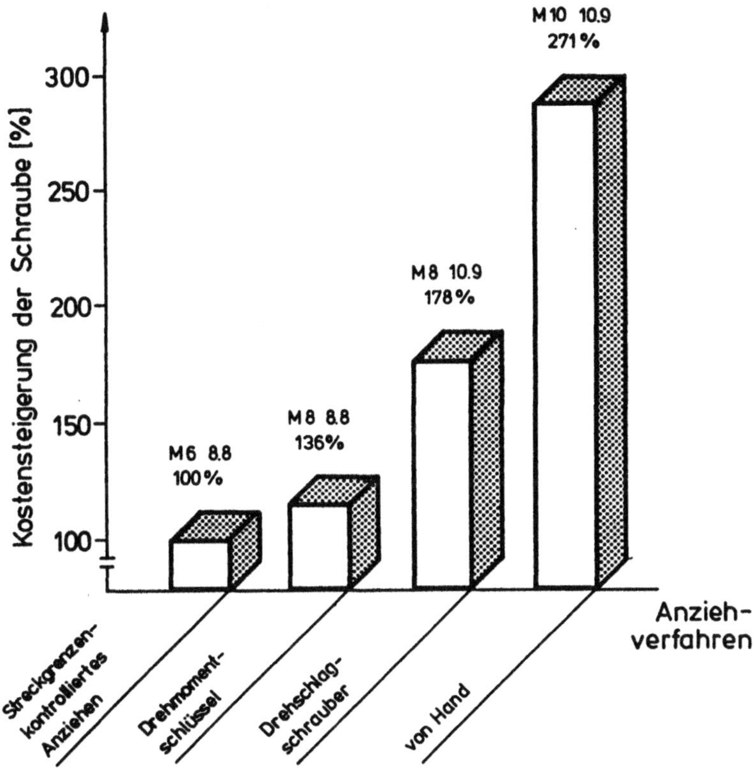


Abb. 2.9 : Kosten für die benötigte Schraube für eine Verbindung bei verschiedenen Anzugsverfahren

Genauere, aber teuerere Anziehverfahren ermöglichen somit eine kleinere Dimensionierung der Schraube. In Abhängigkeit von der Stückzahl ist von Fall zu Fall wertanalytisch die kostenoptimale Lösung für die Wahl des Anziehverfahrens und die Auslegung der Schraube zu ermitteln.

# 3. Entwicklung von Teilsystemen zum passiven Toleranzausgleich

## 3.1 Anwendungsbereich, Einsatzproblematik, Stand der Technik

### 3.1.1 Übersicht

Ein Hauptproblem in einer flexibel automatisierten Schraubstation ist die exakte Positionierung der Schraubpartner zueinander. Lageabweichungen der zu fügenden Teile untereinander und gegenüber der Schraube sind unvermeidlich und weitgehend in den technischen Grenzen einer wirtschaftlichen Fertigung begründet. Positionierungenauigkeiten der am Verschraubungsprozeß beteiligten Betriebsmittel - Industrieroboter, Schrauber, Fördersystem - sind ebenfalls auf Grund technischer und wirtschaftlicher Möglichkeiten unumgänglich. Die Vielzahl möglicher Parameter, welche die einzelnen Lagetoleranzen beeinflussen, werden in Abb. 3.1 aufgezeigt.

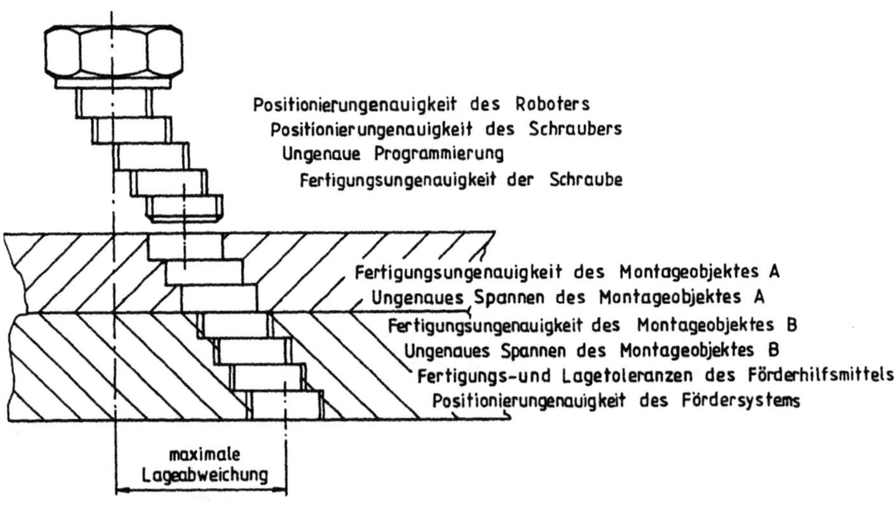


Abb. 3.1 : Positionierungenauigkeiten in einer Schraubstation

Um nun infolge dieser Lageabweichungen Fehlverschraubungen zu vermeiden, sind Fügehilfen notwendig. Die heute im industriellen Einsatz befindliche

Generation von Industrierobotern verfügt über keinerlei Fühl- oder Sehvermögen, daher ist der Einsatz zusätzlicher Systeme zum aktiven oder passiven Toleranzausgleich notwendig. Passive Fügehilfen reagieren auf die beim Fügen auftretenden Kräfte und Momente durch Translationen oder Rotationen ohne Fremdantrieb, während aktive Fügehilfen, nach Aufnahme der Umweltbedingungen über eine Sensorik,den Roboterarm entsprechend nachsteuern.

### 3.1.2 Aktive Fügehilfen

Zur Lösung derartiger Probleme sind in der Vergangenheit zwei Arten von Sensorsystemen untersucht worden /25/,/26/,/27/,/28/,/29/,/39/:

- optische Sensoren und
- Kraftsensoren.

Der Einsatz von optischen Sensoren zur Steuerung von Fügevorgängen wird häufig dadurch erschwert, daß der Roboter, die Aufspannvorrichtungen, die Werkzeuge oder die zu fügenden Teile den Blick der Kamera auf die Fügestelle blockieren und die erschwerten Umweltbedingungen im industriellen Einsatz - variable Lichtverhältnisse, Reflexionen, Schmutz usw. - die Verfügbarkeit zu gering halten.

Prinzipiell sind Kraftsensor-Systeme besser geeignet zum Aufnehmen von Positionsfehlern zwischen Teilen, die gefügt werden. Dabei werden an der Fügestelle Kräfte und Momente gemessen und in ein Korrektursignal für die Steuerung umgewandelt. Soll beispielsweise ein Bolzen in eine eng tolerierte Bohrung eingesetzt werde, so besteht das Problem darin, die seitlich auf den Bolzen einwirkende Kraft während des Einfügens zu minimieren. Sind die Teile nicht angefast oder ist der Positionsfehler größer als die Fase, liegt aber die Bolzenachse dennoch innerhalb des Fasendurchmessers, so entsteht ein Moment, dessen Auswertung zur Erzeugung eines Steuersignals genutzt wird /30/,/31/. Neben dem hohen Preis und der begrenzten Zuverlässigkeit solcher Systeme birgt die Anwendung von Kraftfeedback auch praktische Probleme: Befindet sich die Richtung des Fügekraftvektors außerhalb bestimmter Grenzen, so ist es möglich, daß die zu fügenden Teile klemmen oder sich verkeilen /32/. Wenn dies auftritt, können die Reaktionskräfte nicht mehr ausgewertet werden. Ein weiteres Erhöhen der Fügekräfte kann zu Schädigungen der Fügepartner durch plastische Verformungen führen.

### 3.1.3 Passive Fügehilfen

Auf der Suche nach kostengünstigen Alternativen zu den beschriebenen aktiven Positioniersystemen ist am Carles Stark Draper Laboratory, Cambridge (USA), das RCC-Konzept (Remote Center Compliance) entwickelt worden. Das Prinzip des Fügemechanismus besteht darin, daß beim Eintreffen des Bolzens in der Bohrung ein Winkelfehler über eine elastische Aufhängung durch eine Rotation um den Fügeort ausgeglichen wird. Die Kompensation lateraler Fehler wird durch eine Translationsbewegung bewirkt /33/,/34/.
Auf der Grundlage des kinematischen Prinzips des RCC-Fügemechanismus wurde vom Institut für Produktionstechnik und Automatisierung, Stuttgart, ein komplientes (nachgiebiges) System entwickelt und gebaut /35/,/36/. Elastomerelemente gleichen Kippwinkel und Lageabweichungen aus. Zusätzlich kann hier die Fügekraft durch Sensoren gemessen werden.
An der Universiät von Linköping (Schweden) wurde ein ähnlicher Fügemechanismus entwickelt, der die lateralen und rotatorischen Ausgleichsbewegungen über Gleit- und Wälzgelenke ausführt /37/.
Beim ASTEK-Accomodator der Firmen Lord Corporation und Astex Engineering Inc., Watertown (USA) bestehen die nachgiebigen Elemente aus zusammengeklebten Gummieinzelschichten /38/.

Untersuchungen von Fügeprozessen mit derartigen elastischen Aufhängungen wurden in den letzten Jahren hauptsächlich auf das Fügen eines Bolzens in eine Bohrung beschränkt. Hier sind auch die verschiedenen Fügephasen weitgehend untersucht worden /25/,/32/,/40/,/41/.
Die Einsatzmöglichkeiten von komplienten Aufhängungen, insbesondere die Notwendigkeit von RCC-Systemen /42/, beim Verschrauben mit Industrierobotern wurden bisher nicht eingehend überprüft.
Bei der Betrachtung des gesamten Montagevorganges Verschrauben wurde zwar das "Anziehen" in einer Reihe von Arbeiten theoretisch und experimentell untersucht /4/,/43/,/44/,/45/,/46/, über die Anfangsphase des Verschraubungsprozeß - das Ansetzen und Eindrehen der Schraube - gibt es keinerlei wissenschaftliche Arbeiten.

Ausgehend von den Grundprinzipien komplienter Systeme und der Betrachtung des Fügens eines Bolzens in eine Bohrung, werden die physikalischen Wirkprinzipien beim Verschrauben erörtert und daraus Anforderungen für ein komlientes System zum automatischen Verschrauben mit Robotern erstellt.

### 3.1.4 Grundlagen über RCC-Systeme

Unter einem RCC-System versteht man eine Anordnung, die durch ihre Nachgiebigkeit besonderen kinematischen Zwängen unterliegt: Es werden translatorische Bewegungen in einer Ebene zugelassen und rotatorische Bewegungen um einen Punkt, der außerhalb dieses Systems im Fügepunkt liegt (daher: Remote-Center-Compliance). Durch diese kinematische Besonderheit wird es möglich, daß Kräfte, die in diesem Punkt angreifen, nur translatorisches Ausweichen und Momente in diesem sogenannten Zentrum der Nachgiebigkeit (Z.d.N.) nur rotatorischen Ausgleich verursachen. Somit wird die Spitze eines Bolzens oder einer Schraube durch Kräfte und Momente an diesem Ort definiert geführt.
Durch diesen Effekt können Lagefehler beim Fügen von Werkstücken ohne aktive Lageregelung ausgeglichen werden. Abb. 3.2 zeigt die Funktion eines solchen RCC-Systems.

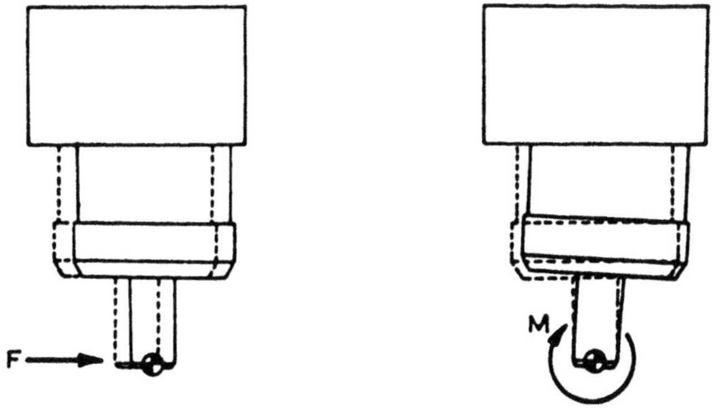


Abb. 3.2 : Funktion eines RCC-Systems /25/

Trifft ein Bolzen nicht exakt die Bohrung, in die er gefügt werden soll, sondern auf deren Fase,so verursachen die hierbei entstehenden Kräfte ein laterales Ausweichen des RCC-Systems, so daß der Bolzen von selbst in die Bohrung "findet". Besteht eine Winkelabweichung zwischen Bolzen- und Bohrungsachse, wird durch den Kontakt beider Teile ein Moment verursacht, das wiederum einen Winkelausgleich des RCC-Systems bewirkt.

### 3.1.5 Konstruktive Ausführungen

Im Charles Stark Draper Laboratory wurden Federstäbe so angeordnet, daß ihr gemeinsamer Schnittpunkt mit der Spitze eines Bolzens zusammenfällt. Dies ist nun der momentane Drehpol der elastischen Aufhängung. Der zusätzliche translatorische Ausgleich wird durch parallele Federstäbe ermöglicht (Abb. 3.3).

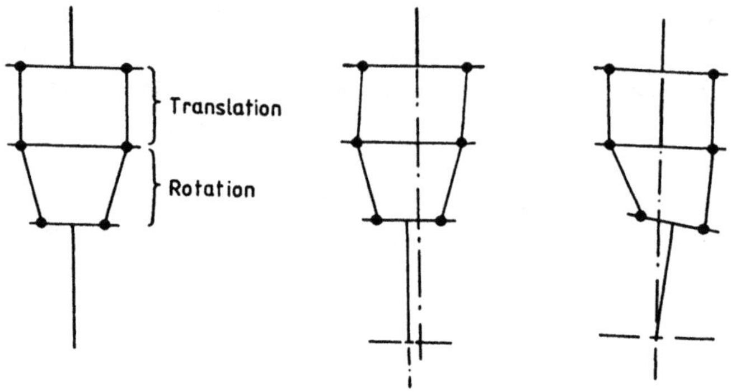


Abb. 3.3 : Gelenkmodell eines RCC-Systems /47/

Weitere Vorschläge sehen die Verwendung von Elastomerelementen, die nur Scherverformungen und keine Zug- und Druckverformungen zulassen, sowie platzsparende Ausführungen mit elastischen Federstäben vor /25/,/47/.
Von Jakobi wird ein ungesteuerter Fügemechanismus (UFM) mit Gummifedern, die sowohl Zug- und Druck- als auch Schubverformungen ermöglichen, vorgestellt /49/. Mit einer solchen Ausführung sind definierte Ausgleichsbewegungen im Sinne des RCC-Systems nicht möglich. Ferner wird ein UFM mit einem oder mehreren Schwingungserregern vorgeschlagen, der dadurch ungesteuerte Orientierungsbewegungen durchführt.

### 3.1.6 Kontaktkräfte beim Fügen von Bolzen

Um genauere Untersuchungen über die Verwendbarkeit von komplienten Systemen durchführen zu können, wurden von S.H. Drake detaillierte Betrachtungen der Kontaktkräfte beim Fügevorgang angestellt /25/.

Die Kraft, die ein laterales Ausweichen des Systems bewirken soll, ergibt sich aus der Komponente der Kontaktkräfte, die senkrecht zur Fügerichtung steht. Die gesamte Kontaktkraft, die auf den Bolzen wirkt, besteht aus der Normalkraft $F_N$ senkrecht zur Fasenschräge und aus der Reibungskraft $F_R$ in der Berührebene.

Befindet sich der Bolzen bereits am Eingang seiner Bohrung, weist jedoch einen Winkelfehler gegenüber dieser auf, so entstehen in den nun zwei Berührpunkten die Kontaktkräfte, die das Moment M erzeugen (Abb. 3.4a).

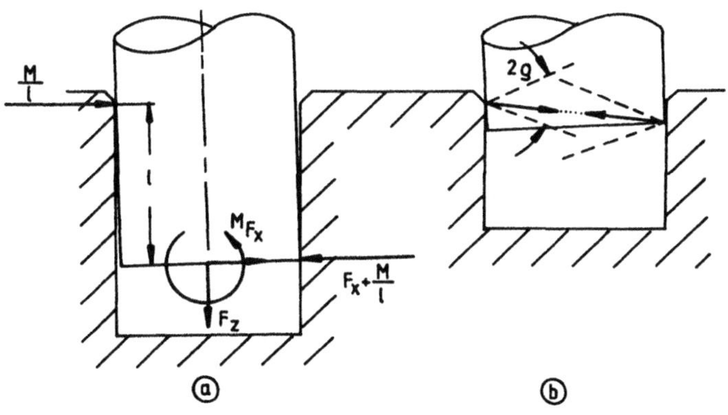


Abb. 3.4 : Kontaktkräfte bei Winkelfehlern /25/

Diese Kräfte können ein Gleiten des Bolzens in die Bohrung verhindern, wenn sie innerhalb des Reibungskegels zu liegen kommen.

Nach /30/ wird ein Klemmen des Bolzens dann ausgeschlossen, wenn das Moment um den Schnittpunkt der Wirkungslinien beider Kontaktkräfte dem Winkelfehler $\varphi$ entgegenwirkt; mit anderen Worten: Dieser Schnittpunkt muß, von der Wirkungslinie der Resultierenden aus gesehen, die sich aus den übrigen Kräften auf den Bolzen bildet, auf der Seite des Winkelfehlers zu liegen kommen, damit diese ein Moment gegen den Winkelversatz bewirken.

## 3.2 Auftretende Positionsfehler beim Verschrauben mit Industrieroboter

Beim Verschrauben treten durch Fertigungstoleranzen und Ungenauigkeiten beim Zuführen der Werkstücke translatorische Fehler sowie Winkelfehler der Schraube gegenüber dem Gewinde oder der Bohrung auf. Zusätzlich ist es möglich, daß die Bohrung und das Gewinde der zu verschraubenden Teile nicht konzentrisch liegen (siehe Abb. 3.5). Da Bolzen und Schrauben rotationssymmetrische Teile sind, ist eine Berücksichtigung des Winkels um die Schraubenachse nicht nötig.

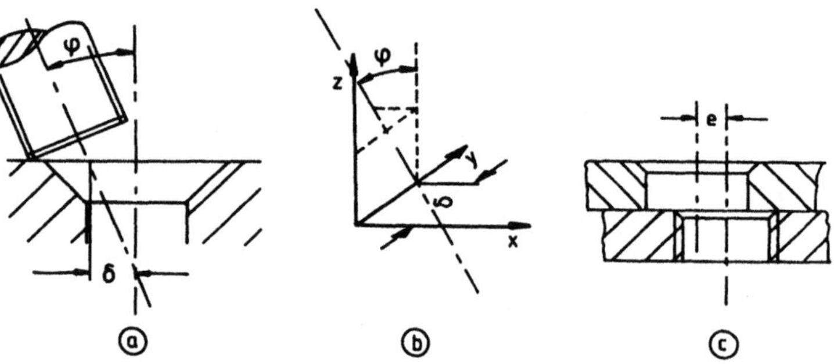


Abb. 3.5 : Mögliche Positionsfehler beim Verschrauben

Winkelfehler und translatorischer Fehler können in derselben Ebene liegen (Abb. 3.5/a) oder beliebig zueinander versetzt sein (Abb. 3.5/b). Da aber der gesamte Winkelfehler aus anfänglichem Winkelversatz $\varphi$ und zusätzlichem Winkel $\varepsilon$, der durch ein Ausweichen der Schraube bei der Berührung mit der Bohrungsfase entsteht, bei der Betrachtung in einer Ebene ein Maximum erreicht (Abb. 3.6), genügt in den meisten Fällen eine zweidimensionale Untersuchung.

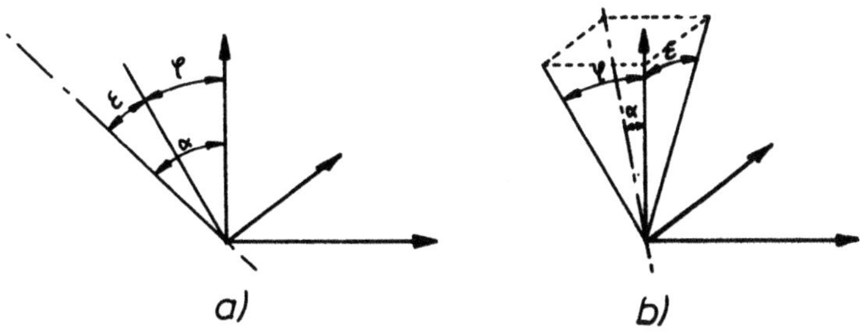


Abb. 3.6 : Zusätzlicher Winkelfehler durch Ausweichen der Schraube

Fügen von rotationssymmetrischen Bolzen

Es wird davon ausgegangen, daß ein Bolzen durch ein RCC-System in eine angefaste Bohrung gefügt werden soll. Um ein Fügen zu ermöglichen, muß für den translatorischen Fehler gelten (Abb. 3.7):

$$\delta < (D_F - d_f)/2 \ ( = t_f + T_F \text{ bei } 90^\circ\text{-Senkung}) \qquad (3.1)$$

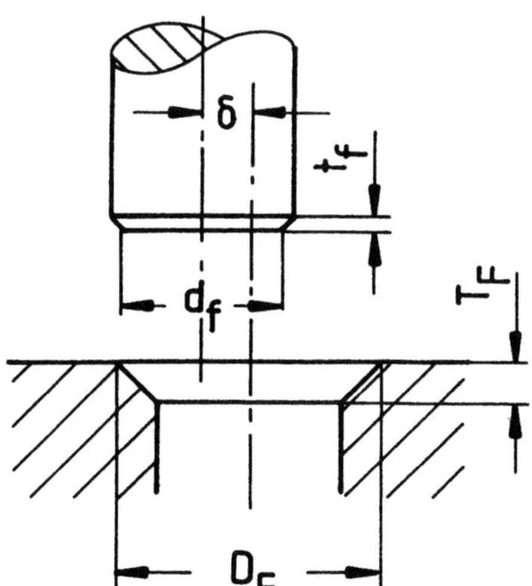


Abb. 3.7 : Zulässiger Versatz beim Fügen mit Fase

Ein-Punkt-Kontakt

Beim Auftreffen des Bolzens auf die Fase treten Kräfte auf, die um das Z.d.N. ein Moment erzeugen. Die Resultierende ergibt sich aus der Normalkraft $F_N$ und der Reibungskraft $F_R = \mu F_N$. Da $\mu < 1$ ist, kann bei einem Fasenwinkel von $45^o$ die Richtung der Resultierenden nur zwischen der Vertikalen und der Senkrechten auf die Fase liegen (Abb. 3.8). Diese Gesamtkraft kann aber auch in eine horizontale und eine vertikale Komponente zerlegt werden (Abb. 3.8/c). Die Kraft $F_x$ errechnet sich zu:

$$F_x = \frac{F_z \cos(\Theta + \varphi) \sin(\Theta - \varrho + \varphi)}{\cos \varrho} \qquad (3.2)$$

Ein Ausweichen des komplienten Systems wird immer erfolgen, solange die Fase genügend angeschrägt ist,d.h. wenn der Fasenwinkel $\Theta > \mu = \arctan \varrho$ ist und das System nicht bereits so weit ausgelenkt ist, daß durch die Federkraft die daraus entstehende x-Komponente der Kontaktkraft ausgeglichen wird.

Für den Fall, daß das Z.d.N. genau auf das Ende des Bolzens trifft, gilt für das Moment um diesen Punkt (vgl. Abb. 3.8/c):

$$M = F_z d/2 \cos\varphi + F_x d/2 \sin\varphi \qquad (3.3)$$

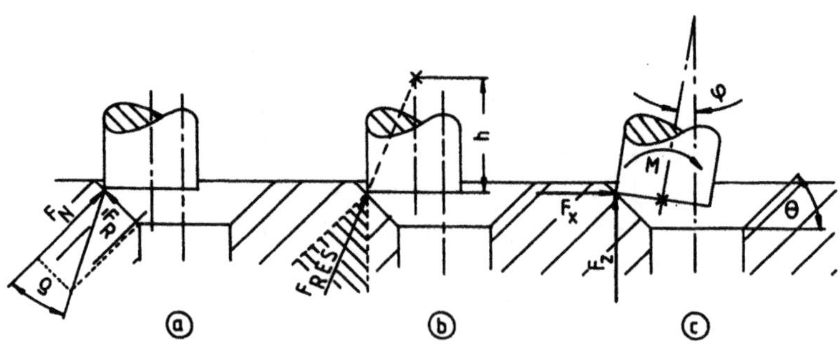


Abb. 3.8 : Kräfte und Momente beim Ein-Punkt-Kontakt

Ist das Z.d.N. von diesem Punkt verschoben, so können sich Momente verschiedener Richtungen und Größen einstellen. Das Moment wird zu null, wenn die Wirkungslinie der resultierenden Kraft durch das Z.d.N. geht, zumindest, solange das kompliente System noch nicht ausgelenkt ist. Die verschiedenen Möglichkeiten erläutert Abb. 3.9

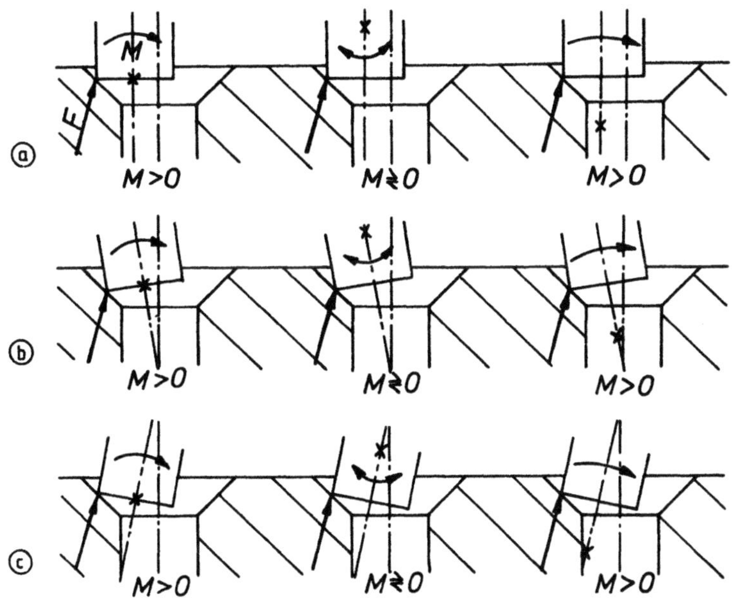


Abb. 3.9 : Momente um das Z.d.N. beim Ein-Punkt-Kontakt

Hier ist zu erkennen, daß die geringste Gefahr einer ungewünschten Drehung des RCC-Systems besteht, wenn sich das Z.d.N. über dem Ende des Bolzens befindet, da die Momente einen geringen Wert annehmen (M = 0 ist möglich). In den anderen Fällen, in denen ein Moment entsteht, kann der bereits vorhandene Winkelfehler noch vergrößert werden (z.B. Abb. 3.9 c). Mit Berücksichtigung der Reibung zwischen Bolzen und Werkstück ergibt sich, unter dem Gesichtspunkt der Minimierung des Momentes, somit ein optimaler Abstand des Z.d.N. vom Rand des Bolzens (Abb. 3.8 b):

$$h = d/2\tan(\Theta - \varrho) \qquad (3.4)$$

Zwei-Punkt-Kontakt

Der Zwei-Punkt-Kontakt entsteht, wenn der Bolzen in die Bohrung bis zur Länge l eingedrungen ist (Abb. 3.10/a):

$$l = s/\arcsin\varphi \qquad (3.5)$$

Ab diesem Zeitpunkt erfolgt der Winkelausgleich durch das RCC-System. Die beiden Kontaktkräfte $F_A$ und $F_B$ erzeugen das für den Ausgleich verantwortliche Moment (Abb. 3.10/b). Hier kann man feststellen, daß ein geringfügiges Anheben des Z.d.N. keine Nachteile bringt, da sich der dadurch zusätzlich entstehende translatorische Fehler nach einer geringen Fügetiefe bereits wieder ausgeglichen hat. Günstig ist die Lage des Z.d.N. zwischen den Punkten 1 und 2 aus Abb. 3.10/b. Ein Anheben über den Punkt 2 hinaus bewirkt ein ungünstiges Moment durch die Kraft $F_A$, was ein Verklemmen des Bolzens verursachen könnte.

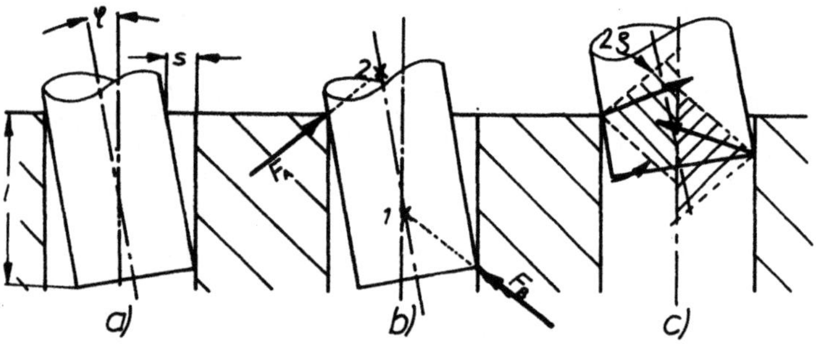


Abb. 3.10 : Kräfte beim Zwei-Punkt-Kontakt

Es ist anzustreben den Zwei-Punkt-Kontakt zu vermeiden, bevor folgende Gleichung erfüllt ist /25/:

$$l/D \geq \mu + s/d*1/\mu + \mu^2 \qquad (3.6)\ /25/.$$

s:Spiel der Bohrung (s=D-d)

μ:Reibungsbeiwert

Ist dies nicht möglich dann kommen die Kontaktkräfte innerhalb des jeweiligen Reibungskegels zu liegen (Abb. 3.1o/c). Durch genügend hohe Fügekräfte kann dies vermieden werden. Die hohen Kontaktkräfte, die auch zum Verklemmen führen können, entstehen u.a., wenn die Steifigkeit des Rotationsteils des RCC-Systems zu groß ist /25/. Um die Reibung zu verringern, kann man den Bolzen um seine eigene Achse drehen und somit Haftreibung verhindern.

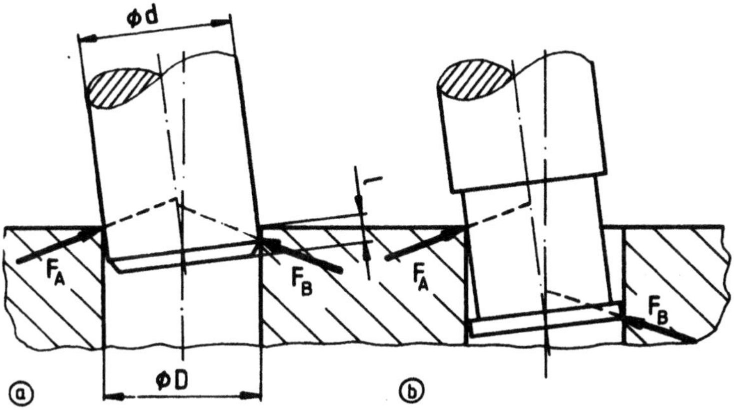


Abb. 3.11 : Fügehilfen bei Winkelversatz

Um das Einfügen zu erleichtern, kann eine Fase am Bolzen angebracht werden (Abb. 3.11/a). Gerade bei geringem Spiel zwischen Bolzen und Bohrung ist dies notwendig, da sonst der Punkt B auf die Kante der Bohrung stößt. Ein Grenzwert des maximalen Winkelfehlers ohne Fase errechnet sich zu (Abb. 3.12):

$$\varphi_{max} = \arccos(d/D) \qquad (3.7)$$

Allerdings vergrößern sich mit Fase die Kontaktkräfte bei einem Winkelversatz, der größer als $\varphi_{max}$ ist, erheblich. Um dies zu vermeiden, werden von Pham der Pilot (Abb. 3.11/b) /48/ oder die Verwendung eines Einstiches vorgeschlagen. Der Pilot ist geeignet, um bei engen Toleranzen den Abstand der Wirkungslinien der beiden Kontaktkräfte zu vergrößern und damit das Moment zu erhöhen und die Winkelgeschwindigkeit zu verringern. Das Verringern der Winkelgeschwindigkeit bei gleichbleibender Fügegeschwindigkeit soll durch Abb. 3.13 verdeutlicht werden.

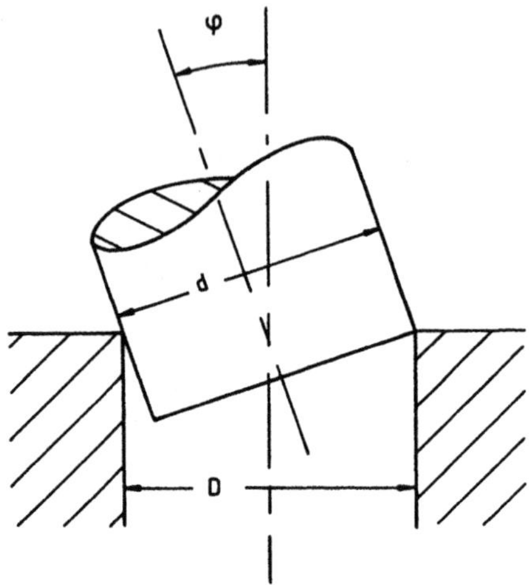


Abb. 3.12 : Grenzwert des Winkelfehlers ohne Fase

Das Spiel $s_b$ mit Pilot ist wesentlich größer als das Spiel $s_a$ des gewöhnlichen Bolzens:

$$s_a = D - d \quad ; \quad s_b = D - (d + d_i)/2 \qquad (3.8)$$

Wird angenommen, daß der Winkelfehler zu Beginn des Fügevorgangs in beiden Fällen gleich ist, so ist die Länge $l_{1a}$ kleiner als $l_{1b}$. Nach einer Zeit $\Delta t$ wird jeder der Bolzen um die Länge $\Delta l$ tiefer in die Bohrung eingeführt. Die gleiche Längenänderung bewirkt aber beim Pilot einen geringeren Winkelausgleich als beim gewöhnlichen Bolzen und somit eine geringere Winkelgeschwindigkeit.

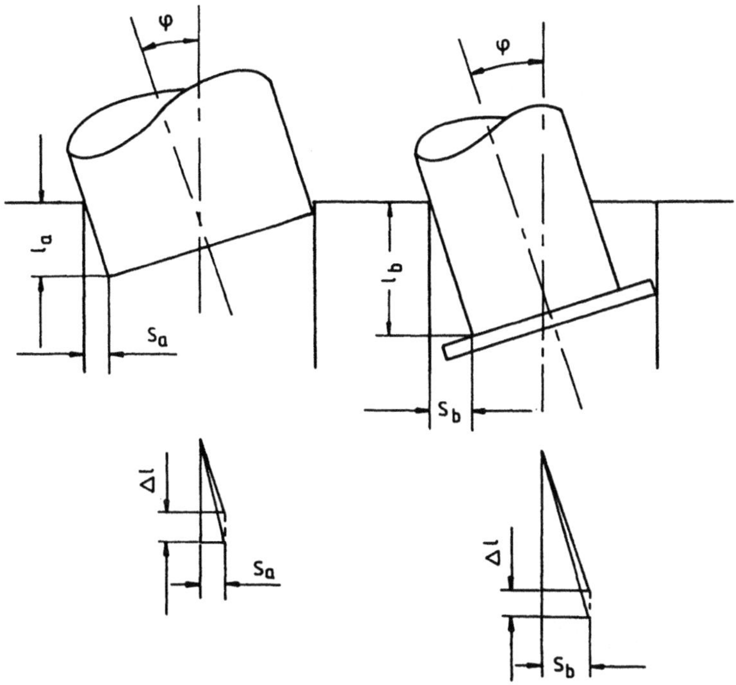


Abb. 3.13 : Verringerung der Winkelgeschwindigkeit mit Pilot

## 3.3 Theoretische Betrachtungen der physikalischen Wirkprinzipien beim Verschrauben mit Winkel- und Exzentrizitätsabweichungen

### 3.3.1 Ein-Punkt-Kontakt

Wenn die Schraube im Schrauber durch eine Spannzange gehalten wird, erzeugen die Kräfte, die beim Auftreffen auf die Fase entstehen, Haltekräfte und ein Moment in der Spannzange (Abb.3.14). Dieses Moment muß größer sein als:

$$M_{erf} > l*F_{xmax} \qquad (3.9)$$

l: Länge der Schraube

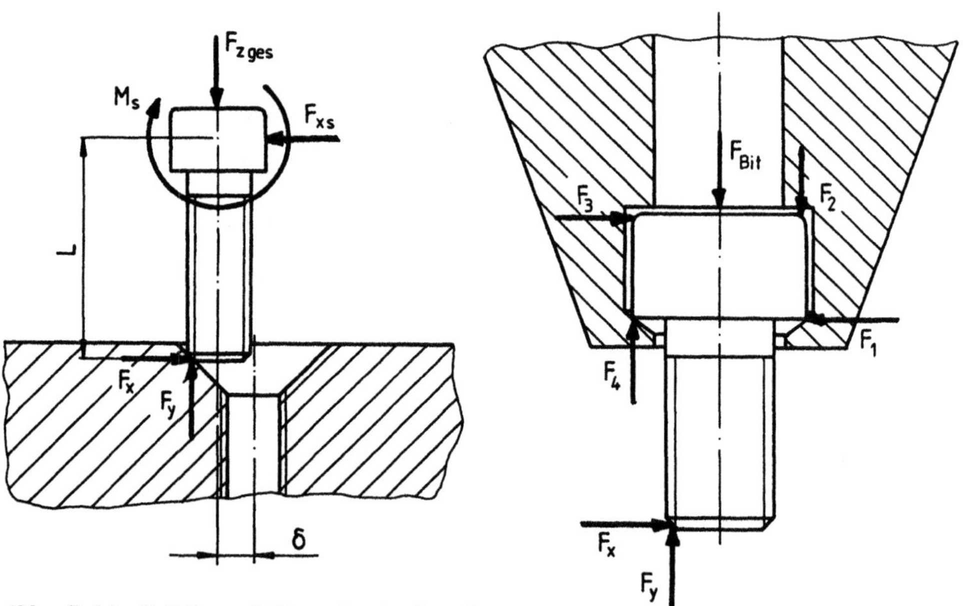


Abb. 3.14 :Kräfte und Momente in der Spannzange

Bei längeren Schrauben wird die Spannzange nicht so verwendet, wie in Abb. 3.14 gezeigt: Die Schraube bleibt vor dem Verschrauben auch mit dem Gewinde in der Spannzange, was die Stabilität ihrer Lage verbessert. Aus diesen Gründen ist es erstrebenswert, die Länge des aus der Spannzange herausragenden Gewindeteils möglichst klein zu halten. Dies wird möglich, wenn der

Schrauber nahe an die Schraubstelle geführt wird. Das Moment ist außerdem eine Funktion der Federkraft der Spannzange, der Geometrie der Schraube und der Spannzange sowie der Beschaffenheit und Anpreßkraft des Bit.
Am Beispiel einer Imbusschraube werden die Reaktionskräfte in der Spannzange gezeigt (Abb. 3.14 b).
Die Kräfte vom Werkstück auf die Schraube führen zusammen mit der Nachgiebigkeit der Spannzange und des Roboters zu einem zusätzlichen Winkelfehler $\varepsilon$, der vom Winkelfehler $\varphi$ unabhängig ist. Er tritt in der Ebene auf, in der $F_x$ liegt. Eine kritische Situation stellt der Fall dar, daß die Schraube noch nicht im Gewinde gefaßt hat, aber bereits durch den Bit aus der Spannzange geschoben wird. Dann ist nur noch die Übertragung eines sehr geringen Momentes möglich, die Schraube kippt aus, statt einen translatorischen Ausgleich des komplienten Systems zu verursachen und verkantet unter Umständen im Gewinde.
In Versuchen (Kap.4) wurde festgestellt, daß bei kombinierten Fehlern eine Veränderung des lateralen Fehlers nach dem Auftreffen der Schraube auf dem Werkstück auftrat, wenn diese die Fase nicht sofort traf. Die Umfangskraft, die bei drehender Schraube auftritt, bewirkt ein Abrollen der Schraube auf dem Werkstück. Diese zusätzliche Abweichung, die jeweils in der Werkstückebene senkrecht zur Richtung des Winkelfehlers auftritt, hat den Wert:

$$\delta_R = \mu F_z / c_{x\ ges} , \qquad (3.10)$$

wobei $c_{x\ ges}$ die gesamte Nachgiebigkeit des Systems (Roboter, komplientes System, Spannzange) in der Schraubenspitze darstellt (Abb. 3.15).

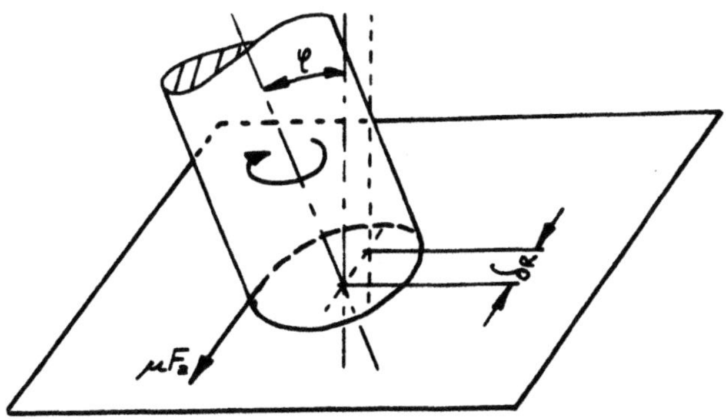


Abb. 3.15 : Abrollen der Schraube auf dem Werkstück

### 3.3.2 Zwei-Punkt-Kontakt, Fassen der Schraube

Der Zweipunkt-Kontakt beginnt beim Einlaufen der Schraube in das Gewinde. Um ein sicheres Verschrauben zu gewährleisten, muß der ungünstigste Fall der Lage des Gewindeeingangs, bezogen auf den Winkelversatz, gewählt werden. Dieser tritt ein, wenn der Gewindeeingang in derselben Ebene wie der Winkelfehler, und zwar im Punkt B (Abb. 3.16) zu liegen kommt.

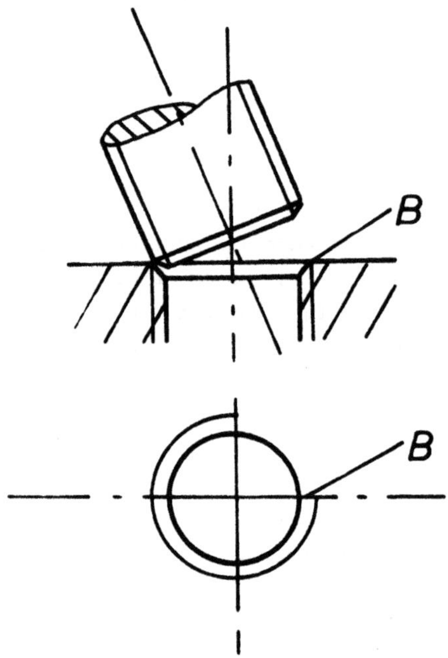


Abb. 3.16 : Ungünstigste Lage des Gewindeeinganges

Die Größe des max. zulässigen Winkels ist dann vom Spiel $s_g$ der Schraube im Gewinde abhängig. Je größer dieses Spiel, desto größer ist auch der maximal zulässige Winkel. Ist das radiale Spiel jedoch zu groß (Abb. 3.17 d), verklemmt die Schraube im Gewinde. Ohne Spiel (Abb. 3.17a) ist theoretisch kein Winkelfehler zulässig. Realistische Annahmen zeigen Abb. 3.17b und 3.17c.

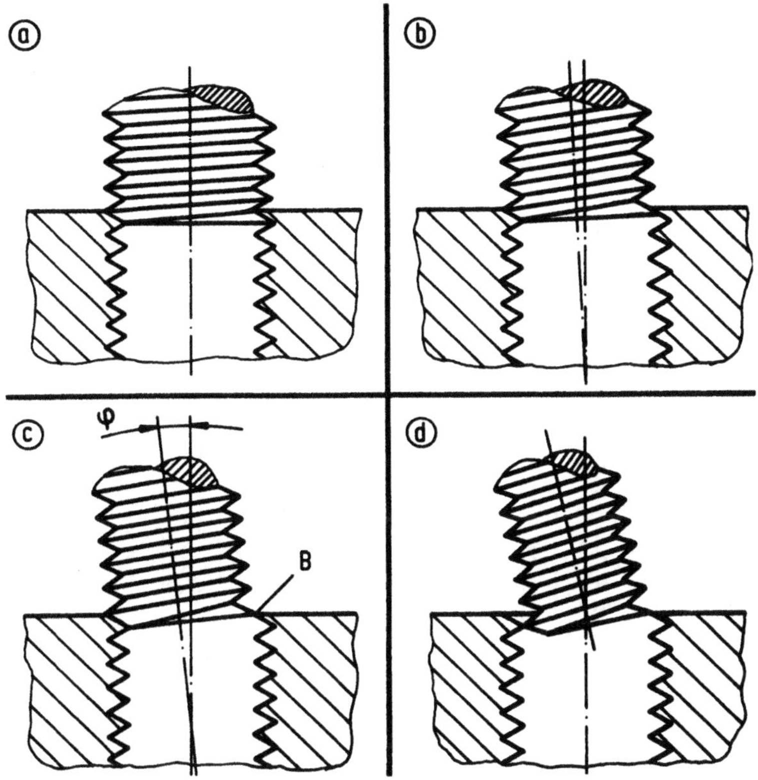


Abb. 3.17 : Einfluß des Spiels der Schraube im Gewinde auf den Winkelfehler

Das axiale Spiel $s_g$ setzt sich aus zwei Teilen zusammen: Durch die Maßabweichungen der Schraube d und der Mutter D vom Nenndurchmesser ergibt sich ein axiales Spiel von (Abb. 3.18a):

$$s_{ad} = (D-d)2*\tan 30^{\circ} \qquad (3.11)$$

bei metrischem ISO-Gewinde.

Die ungenaue Fertigung des Gewindeganges liefert ein Spiel $s_{al}$ (Abb. 3.18 b und c):

$$s_{al} = l_1 - l_2 \qquad (3.12)$$

Das Gesamtspiel in axialer Richtung beträgt dann:

$$s_g = s_{ad} + s_{al} \qquad (3.13)$$

und damit der zulässige Winkelfehler :

$$\varphi_{max} = s_g/d \qquad (3.14)$$

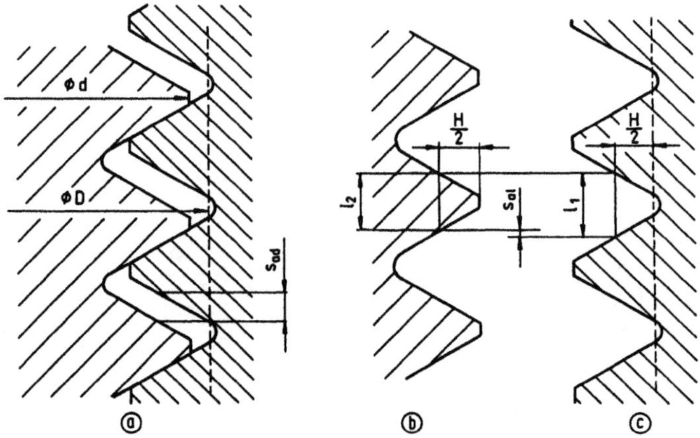


Abb. 3.18 : Axiales Spiel zwischen Schraube und Gewinde

Die Maßtoleranzen für Schrauben und Muttern nach DIN 267 in mittlerer Ausführung lauten:

| | | | | |
|---|---|---|---|---|
| Schraube - | Toleranzklasse: | 6g | ≙ -26...-138 µm | (Schraube M6) |
| Mutter - | Toleranzklasse: | 6H | ≙ 0...+150 µm | (Mutter M6) |

Das ergibt für eine Schraubverbindung M6 Werte von $\varphi_{max}$ zwischen:

$$\varphi_{max} < 2{,}75^{\circ}.$$

Hierbei kann der Winkel aus $s_{al}$ nicht berücksichtigt werden, da keine Toleranzangaben vorhanden sind.

Diese Winkel beziehen sich auf eine Schraube, die bereits mindestens eine halbe Umdrehung eingeschraubt ist. Sie sind deshalb für das Fassen der Schraube nicht relevant. Für den beim Fassen im Gewindeeingang in Abb.3.17c dargestellten Fall errechnet sich bei einem metrischen ISO-Gewinde M6 ein Wert von:

$\varphi_{max} = p/2d = 4,7^o.$ p: Steigung des Gewindes (3.15)
d: Nenndurchmesser der Schraube

Versuche ergaben, daß ohne Exzentrizität der Schraube ein einwandfreies Verschrauben bis zu einem Winkelfehler von $4,5^o$ möglich war. Dies läßt darauf schließen, daß die Vorstellung, wie sie Abb. 3.17/c zeigt,der Realität entspricht. Durch die bei üblichen Schrauben vorhandene Fase am Gewindeeingang wird der Spielraum zwischen den Gewindegängen gegeben. Wird die Winkelabweichung größer,trifft der Gewindegang der Schraube in den falschen Gewindeteil der Mutter und führt zum Verkanten der Schraube.

Als Zwischenergebnis ist folgendes zu bemerken: Da beim Verschrauben ohne geeignete Durchgangsbohrung ( Kap.3.3.3 ) ein aufrichtendes Moment um das Z.d.N. erst beim Fassen der Schraube im Gewinde erzeugt werden kann, ist ein RCC-System mit Winkelausgleich für diese Aufgabe ohne Nutzen. Wird ein Schrauber mit einem nachgiebigen Rotationsteil gelagert, kann der zulässige Winkelfehler deshalb dennoch nicht vergrößert werden. Die Schraube verkantet, bevor sie ein Moment übertragen kann. Das Spiel der Schraube in der Spannzange des Schraubers beträgt ca. $5^o$. Eine Übertragung der von der Fase des Werkstückes auf die Schraube wirkenden Kraft auf das kompliente System ist erst nach dem Ausgleich dieses Spiels möglich, da der Kraftfluß über Fase, Schraube, Schraubenkopf, Spannzange, Schraubspindel zum komplienten System dann geschlossen ist.

### 3.3.3 Durchgangsbohrung

Eine Schraube wird gewöhnlich, bevor sie auf das Gewinde der Mutter trifft, durch eine Durchgangsbohrung geführt. Dieser Vorgang ist zu vergleichen mit dem Einfügen eines Bolzens in eine Bohrung.
Trifft die Schraube auf die Kante der Fase, entsteht ein Moment, das dem Winkelfehler immer entgegenwirkt. Die Flanken des Gewindeganges sind direkt mit einem Einstich am Bolzen zu vergleichen (Abb. 3.11). Auch wenn die Schraube durch das Auftreffen auf die Fase ein Moment $M_1$ in Richtung des Winkelfehlers erfahren hat, ergibt sich innerhalb der Bohrung nun ein aufstellendes Moment $M_2$ (Abb. 3.19).

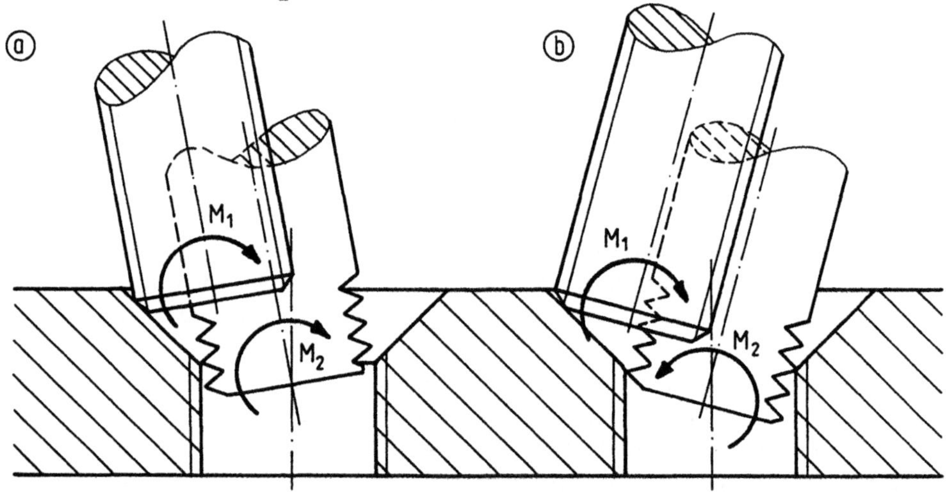


Abb. 3.19 : Aufrichtendes Moment beim Fassen der Schraube

Die Reibungskräfte, die beim Fügen von Bolzen ein Verklemmen verursachen können, werden bei Schrauben dadurch verringert, daß sich diese bereits um ihre eigene Achse dreht. Deshalb entsteht nie der Fall der Haftreibung. Die Länge H einer Durchgangsbohrung und das Spiel s der Schraube in dieser Bohrung sind ein weiteres Kriterium für die Montierbarkeit eines Teiles. Solange das Spiel der Bohrung einen Winkelfehler $> \varphi_{max}$ (3.15) zuläßt (d.h. $s/H > \varphi_{max}$, mit $s=D-d$), ist der maximal zulässige Winkelfehler des Schraubers durch $\varphi_{max}$ begrenzt. Dies gilt besonders für zu verschraubende Bleche.

Bei einem elastischen Ausgleich (RCC) sind jedoch (zumindest theoretisch) größere Winkelfehler zulässig, wenn gilt (Abb. 3.20/a):

$$s/H < \varphi_{max} \qquad (3.16)$$

Da mit steigender Senkungstiefe die Länge H abnimmt, ist darauf zu achten, daß die Senkung das nötige Mindestmaß H zuläßt, sofern ein großer Winkelfehler zu erwarten ist.

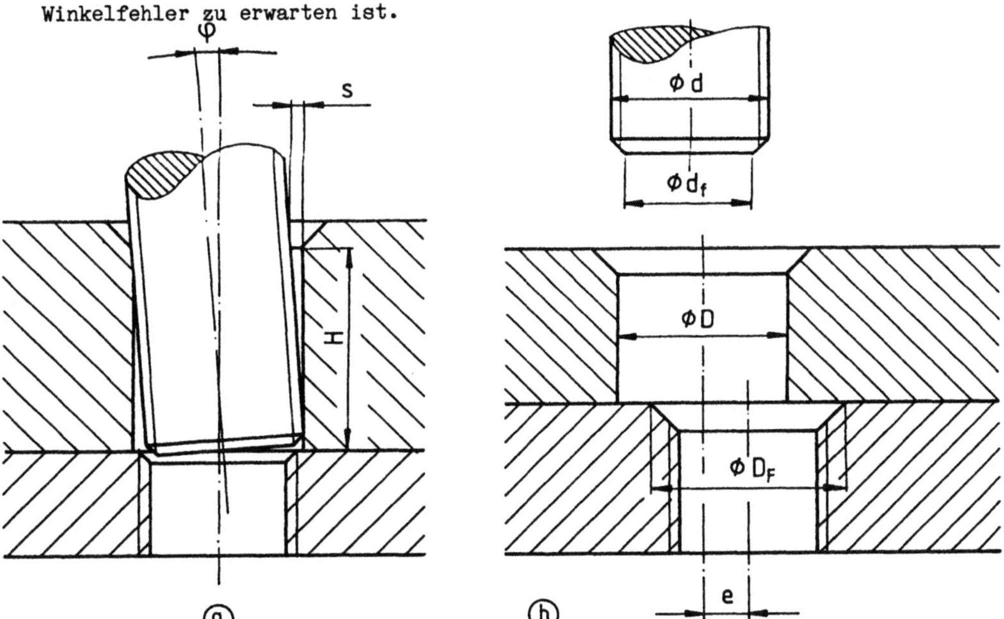


Abb. 3.20 : Verschrauben mit Durchgangsbohrung

Schwierigkeiten beim Montieren können auch dadurch entstehen, daß die Bohrung und die Mutter nicht konzentrisch liegen. Für diesen Fall ist es angebracht, die Mutter mit einer Fase mit einem Durchmesser

$$D_F = D + 2e - d + d_f \qquad (3.17)$$

zu versehen (Abb. 3.20/b). Ist dann eines der Werkstücke nachgiebig angebracht, so zieht die Schraube die beiden Teile in eine konzentrische Lage.

## 3.4 Konstruktive Gestaltung von Systemen zum passiven Toleranzausgleich

Als ein Ergebnis von in dieser Arbeit nicht näher ausgeführten dynamischen Betrachtungen ist die Erkenntnis anzuführen, daß möglichst geringe Massen und hohe Federsteifigkeiten mit hohem Dämpfungsgrad anzustreben sind. Die hohe Federsteifigkeit steht aber im Widerspruch zu den geringen Werten die nötig sind, um ein klemmfreies Fügen und geringe Kontaktkräfte zu ermöglichen. Deshalb muß ein Optimum, je nach den gegebenen Kriterien, gefunden werden.

Die Forderung nach geringen Massen wirft die Frage nach dem Ort auf, wo das nachgiebige System angebracht wird. Naheliegend ist, den Schrauber an der 6.Achse des Roboters nachgiebig zu lagern (Abb. 3.21/a).

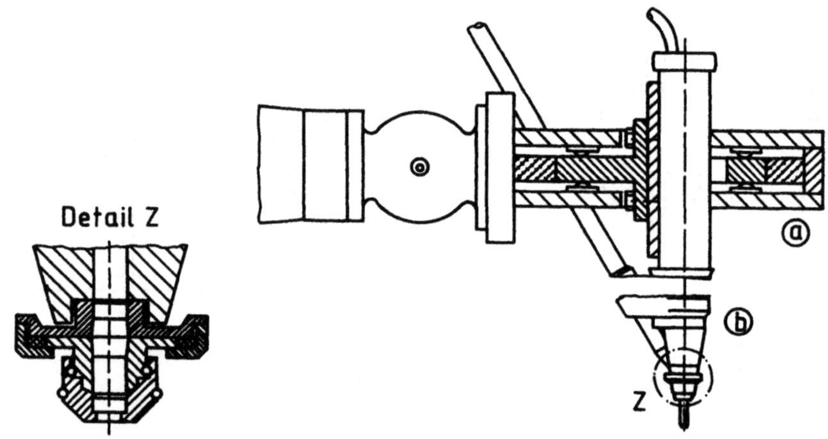


Abb. 3.21 : Komplıente Systeme zum automatischen Verschrauben mit Robotern

Schwierigkeiten liegen hierbei in den relativ hohen Massen des Schraubers und des komplienten Systems sowie in den Anschlußleitungen, die in verschiedenen Positionen des Industrieroboters unterschiedliche Einflüsse auf die Position des Schraubers ausüben. Ein solches System muß außerdem das Anzugsmoment beim Verschrauben über die Federelemente übertragen.

Aus diesen Gründen ist es sinnvoll, das RCC-System in die Spitze des Schraubers zu legen (Abb. 3.21/a). Eine ausgeführte Konstruktion zeigt Abb. 3.23 Hierin muß der Bit die Bewegungen der Schraube gegenüber dem Schrauber mitmachen können. Für die konstruktive Ausführung der Verbindung des Antriebs mit dem Bit sind grundsätzlich zwei Möglichkeiten gegeben.
Eine biegsame Welle erfordert eine genaue Auslegung auf die gewünschte Drehzahl, das Anzugsmoment und die Baugröße. Bei hohen Anforderungen stößt man an technische und wirtschaftliche Grenzen. Für die durchgeführten Versuche wurden Kreuzgelenkwellen eingesetzt.
Um zu verhindern, daß der Bit bei Winkelversatz in der Schraube verkantet, bietet sich an, den Bit gemäß Abb.3.22 als Kugelkopfstiftschlüssel zu gestalten. In diesem Fall muß aber besonderer Wert auf die Gestaltung der Spannzange gelegt werden, um ein Abkippen der Schraube vor dem Fassen im Gewinde auszuschließen.

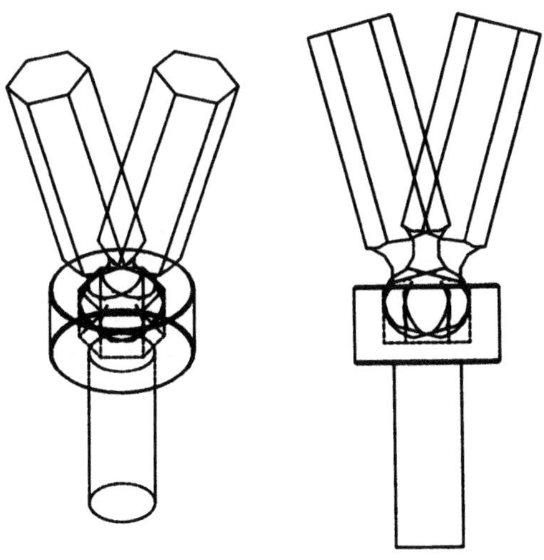

Abb. 3.22 : Kugelkopfform des Bit

Abb.3.23 zeigt zwei verschiedene Ausführungen für eine pneumatische Schraubspindel.

Denkbar bei komplienten Systemen ist auch eine Arretierung der beweglichen Teile während des Positionierens bzw. nach dem "Finden" der Bohrung durch eine Suchspitze. Abb. 3.24/a bis d zeigt Möglichkeiten,eine Suchspitze anzubringen. Durch deren Verwendung, in Verbindung mit einer Arretierung, ist eine maximale Exzentrizität von $\delta_{max} = D_F/2$ möglich.

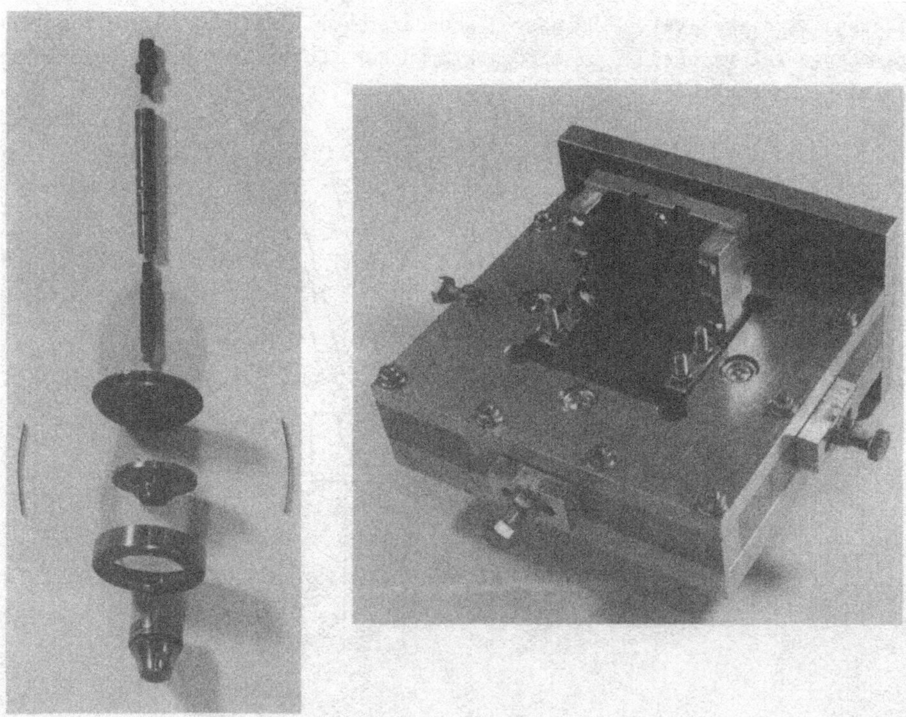

Abb 3.23 : Kompliente Systeme für eine Schraubspindel

Das Anbringen der Suchspitze neben dem Schrauber (Abb. 3.24/a) stellt eine kostengünstige Ausführung dar, erfordert aber ein Weiterpositionieren um a nach dem Suchvorgang in werkzeugspezifischen Koordinaten. Außerdem wirft diese Ausführung Platzprobleme in engen Fügestellen auf. Um das Nachführen zu vermeiden, kann eine Wechselspitze gemäß Abb. 3.24/b angebracht werden; die Platzprobleme sind damit jedoch noch nicht gelöst. Um den Taster im Schrauber selbst unterzubringen (Abb. 3.24/c) fehlt im Allgemeinen der Platz. Am günstigsten erscheint eine Ausführung des Bit selbst als Suchspitze. Unter Betrachtung dieses Gesichtspunktes wäre die Verwendung von Kreuzschlitz-Schrauben am besten geeignet, da deren Bit bereits die Form einer Spitze besitzt. Imbus- und Torxschrauben müßten noch entsprechend abgeändert werden (Abb. 3.24/d).

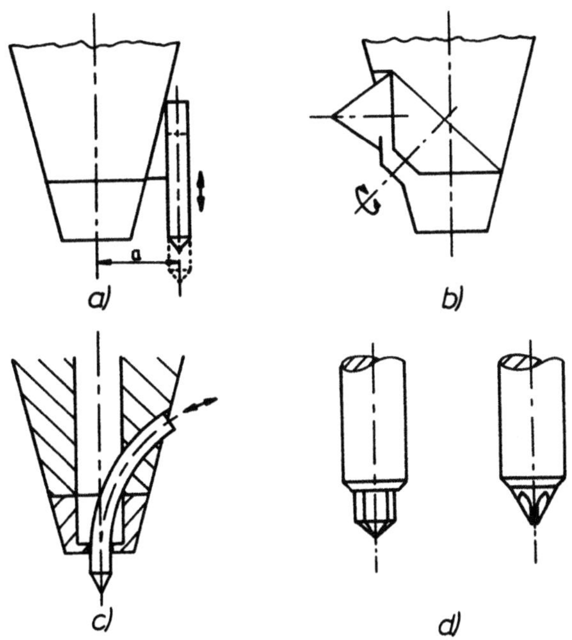


Abb. 3.24 : Suchspitzen am pneumatischen Schrauber

Grundsätzlich sind bei der Auslegung von passiven Fügehilfen für das automatische Verschrauben mit Industrierobotern folgende Konstruktionskriterien zu beachten.

- Die Massen und die Trägheitsmomente des komplienten Systems sind gering zu halten. Deshalb ist es sinnvoll das System in die Spitze des Schraubers zu legen.
- Ist bei Verwendung einer starren Aufnahme der Schraube im Schrauberkopf - keine nachgiebige Spannzange etc. - ein rotatorischer Ausgleich (RCC) notwendig, sollte dessen Massenschwerpunkt möglichst nahe am Zentrum der Nachgiebigkeit (Z.d.N.) sein, um bei waagrechtem Fügen und beim Positionieren den Winkelfehler gering zu halten.
- Das Z.d.N. sollte sich geringfügig oberhalb der Spitze der Schraube befinden (h = 1/2d ... 2/3d), um die Momente beim Auftreffen der Fase sowie den lateralen Fehler bei waagrechtem Fügen gering zu halten.
- Eine zusätzliche Nachgiebigkeit, die ein unkontrolliertes Ausweichen ermöglicht ist zu vermeiden, da sich sonst der auszugleichende Fehler noch vergrößert. Auch die Nachgiebigkeit der Roboterachsen spielt hier eine nicht unbedeutende Rolle. Besonderes Augenmerk ist dem Reaktionsmoment beim Anziehen der Schraube zu widmen.
- Sehr wichtig für die Verwendbarkeit von komplienten Systemen ist das Moment in der Spannzange, das ein Ausknicken der Schraube bei Belastung durch die Kontaktkräfte verhindern muß.
- Je nach Ausführung der Schraubenaufnahme (Spannzange) am Schraubsystem ist das Weglassen des rotatorischen Ausgleichs möglich (vergl.Kap.3.3.1. u. 3.3.2.). Zu beachten ist dabei das Spiel in der Spannzange und die erlaubten Toleranzen im Gewinde.
- weitere Anforderungen sind natürlich ein geringes Gewicht, geringes Bauvolumen, standardisierte Anflanschmöglichkeiten und Flexibilität für verschiedene Schraubertypen.

# 4. Erprobung von Schraubsystemen

## 4.1 Versuchsaufbau

Zur Untersuchung der Einflüsse von passiven Fügehilfen, der Variation der Schraubengeometrie und der Fasen am Werkstück auf die Einsatzmöglichkeiten und Verfügbarkeit von mittels Industrieroboter automatisierten Schraubsystemen wurde der in Abb. 4.1 dargestellte Pilotarbeitsplatz aufgebaut.

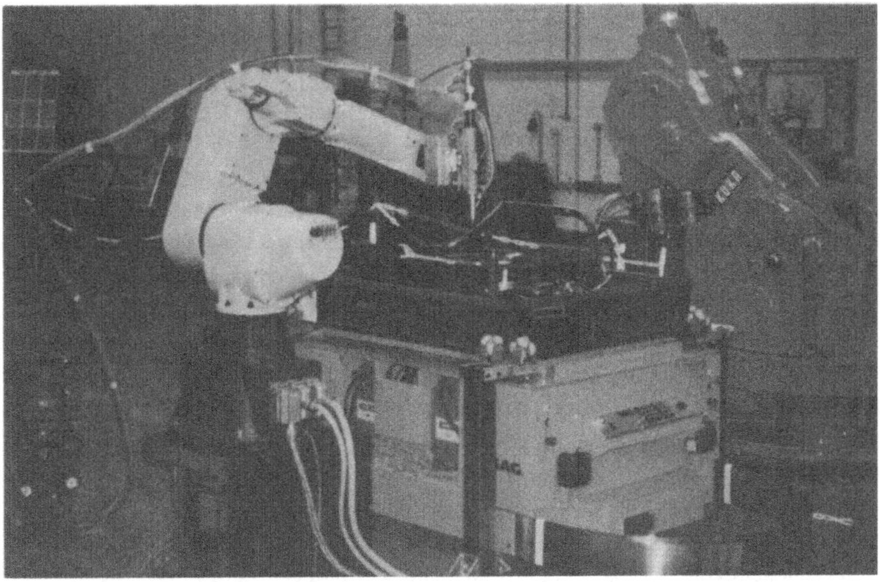

Abb. 4.1 : Aufbau eines Pilotarbeitsplatzes

Die Versuche wurden mit den Industrierobotern "Mantec R3" (Fa. Mantec, Erlangen) und "IR 160/45" (Fa. KUKA, Augsburg) durchgeführt. Der "Mantec R3" ist ein 6-achsiges Gerät in Gelenkbauweise. Er ist bei einer Positioniergenauigkeit von +/- 0,1 mm für ein Handhabungsgewicht bis zu 150 N ausgelegt. Der 6-achsige Gelenkarmroboter "IR 160/45" ermöglichte mit einer Tragkraft von 450 N und einer Wiederholgenauigkeit von ca. +/- 0,1 mm das Verschrauben mit hohen Anzugsmomenten. Beide Industrieroboter sind mit der Mehrprozessor-Steuerung RCM 2 ausgestattet. Sie ermöglicht ein wahlweises Verfah-

ren des Roboters mit Punkt- oder Bahnsteuerung mit Linearinterpolation und Werkzeugkorrekturen. Die Programmeingabe erfolgt über das Bedienfeld des Steuerschranks oder über das transportable Programmierhandgerät. Die Programmiersprache ähnelt der von NC-Maschinen, wurde jedoch um logische Entscheidungen, arithmetische Operationen, Kontrollanweisungen etc. erweitert. Der Signalaustausch mit der Peripherie kann über binäre Ein- und Ausgänge oder über eine V24-Schnittstelle erfolgen.
Schraubversuche wurden mit den Schraubeinheiten "SER 3510" und "SER 4510" (Fa. Weber, Wolfratshausen) durchgeführt. Die Versorgung dieser Schraubeinheiten über ein Hartplastikrohr erfolgt durch die Schraubenzuführeinrichtung ZEB 180 (Fa. Weber, Wolfratshausen). Die im Vibrationswendelförderer gebunkerten und geordneten Schrauben werden über einen Trennschieber vereinzelt, von dem aus sie in einen flexiblen Zuführschlauch fallen und unter Druckluft über ein ausschwenkbares Zuführrohr dem Schrauberkopfstück zugeführt werden. Die Schraube wird dort in einer Spannzange geführt und gehalten. Die Robotersteuerung gibt das Signal für den Vorschub des mit einem Pneumatikkolben verbundenen Schraubendrehers. Gleichzeitig wird der zum Antrieb des Bits dienende Druckluftmotor betätigt. Der Schraubendreher kuppelt erst dann mit dem Antrieb, wenn von der in der Spannzange gehaltenen Schraube ein Gegendruck erzeugt wird. Der sich nun drehende Bit rastet im Schraubenkopf ein. Nach Erreichen des vorgegebenen Anzugsdrehmoments wird der Schraubvorgang über die Robotersteuerung beendet.
Die konstruktive Ausführung der komplienten Aufhängung der Schraubspindel ist in Kap. 3.4. näher ausgeführt und in Abb. 3.21 dargestellt.

## 4.2 Versuchsdurchführung mit verschieden gelagerten Schraubsystemen

### 4.2.1 Untersuchte Parameter

Entsprechend der Zielsetzung wurden die Grenzen der Zuverlässigkeit für das automatische Verschrauben mit Industrierobotern für:

- Seitenlagefehler,
- Winkellagefehler und
- kombinierte auftretende Lagefehler

in Abhängigkeit von folgenden Parametern untersucht:

- Senkungstiefe ( 0 mm - 4,5 mm) und
- Art der Schrauberaufhängung
  * starr,
  * komplient hart (k=130 N/mm) und
  * komplient weich (k=30 N/mm).

### 4.2.2 Ermittlung von Kenngrössen

Wie bereits in Kap.3 ausgeführt, kann die Schraube theoretisch nur dann in die Durchgangsbohrung oder das Gewindeloch gefügt werden, solange sie mit ihrer horizontalen Endfläche nicht außerhalb der Bohrung bzw. der Senkung aufsitzt, d.h. solange die Bedingung gilt:

$$\delta < \frac{D_F - d_F}{2} \qquad (4.1)$$

Bei großen Exzentrizitäten bzw. Winkelfehlern stößt man in Abhängigkeit vom jeweiligen Versuchsparameter an eine Verschraubbarkeitsgrenze, die hauptsächlich folgende Ursachen hat (Abb. 4.2):

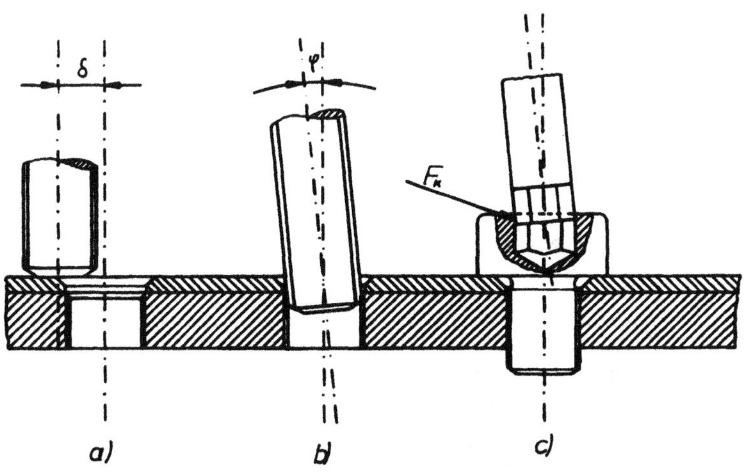


Abb. 4.2 : Häufige Ursachen für eine Fehlverschraubung

a) = " D " Die Schraube setzt neben der Bohrung auf und wird nicht verschraubt.

b) = " V " Die Schraube wird im Gewinde schief eingedreht und verkantet.

c) = " W " Das Werkzeug (Bit) verklemmt im Schraubenkopf nach einwandfreier Verschraubung und wird nicht zurückgezogen.

Das Verklemmen des Bits wird durch einen Winkelfehler zur Schraubenachse erzeugt. Der Luftdruck am Kolben in der Schraubspindel reicht nicht zum Zurückziehen des Schraubwerkzeuges aus dem Schraubenkopf aus. Beeinflußt wird das Verklemmen von den in Abb. 4.3 dargestellten Parametern.

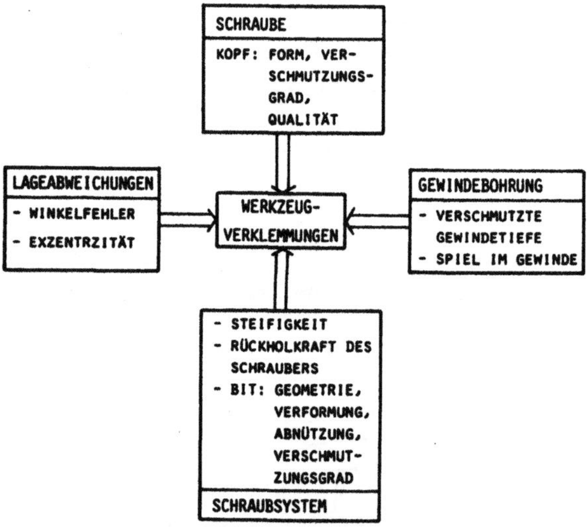


Abb. 4.4 : Randbedingungen bei Werkzeugverklemmungen ( "W" )

Alle Schraubversuche wurden mit Innensechskantschrauben M6*25 DIN 912-8.8 ohne eine zusätzliche Vergrößerung der Fase am Schraubenende durchgeführt. Es wurden nur fehlerfreie Schrauben verwendet. Störungen, welche im Zuführsystem ihre Ursachen hatten, berücksichtigte man nicht. Soweit Fasen oder Senkungen angebracht wurden, hatten sie eine Steigung von $45^{\circ}$.

Eine Aussage über die Verläßlichkeit des Versuchsergebnisses läßt sich durch Bildung der Vertrauensgrenzen machen /50/, innerhalb derer die zu erwartende Verfügbarkeit p mit einer bestimmten statistischen Sicherheit (Konfidenzzahl $\gamma = 99\%$) liegt. Zur Bestimmung des Konfidenzintervalles KONF $\{p_u < p < p_o\}$ wurde die F-Verteilung /50/ gewählt.

Starre Aufhängung der Schraubspindel

Versuche, bei denen die Schraubspindel starr an den Flansch des Industrieroboters montiert war, zeigten, daß die Größe des gerade noch verschraubbaren, lateralen Fehlers nicht nur von der Senktiefe abhängt (Kap.3). Nur wenn die Tiefe der Senkung kleiner als 2,0 mm ist, begrenzt sie die maximal mögliche Exzentrizität (s. Abb.4.7). Bei größeren Senktiefen kann der noch erlaubte laterale Fehler nicht über 1,8 mm liegen, da die auf den Bit wirkenden Kräfte nicht mehr durch die Nachgiebigkeit der an der Verschraubung beteiligten Komponenten ( Spannzange, Schraubspindel, Industrieroboter, Werkstücke, Werkstückträger, Fördermittel) ausgeglichen werden können. Bohrungen und Gewindelöcher ohne Senkung werden bei Verwendung von normalen DIN-Schrauben durch eine am Gewindeauslauf vorhandene Fase auch mit Seitenlagefehlern bis zu 0,5 mm einwandfrei verschraubt. Sind Fertigungsfehler an den Fasen (Riefen etc.) vorhanden, wird die Verfügbarkeit erheblich verringert.

Die Trefferquote der Schraube in die Bohrung bei gleich großer Exzentrizität und Senktiefe für eine einwandfreie Verschraubung liegt ohne Berücksichtigung der Werkzeugverklemmungen bei annähernd 100% (Abb. 4.5).Wird die Senktiefe geringer, so nimmt die Trefferquote entsprechend der Normalverteilung ab. Der mit der Schraube ausgefahrene Bit besitzt nämlich Spiel und läßt somit zu, daß bei gleichem Seitenfehler und Senktiefe die Schraube auch einmal neben der Bohrung auftrifft und bei kleinerer Senkung doch noch Verschraubungen vorkommen können. Ist die Senktiefe jedoch 0,5 mm kleiner als die Exzentrizität so nimmt die Verfügbarkeit rapide ab. Für die Praxis sollte zur Steigerung der Verfügbarkeit, die Senkungstiefe T ($T = D_F/2 - D/2$ ($90^o$-Senkung)) etwa 0,5 mm größer als der zu erwartende laterale Fehler ausgelegt werden. Da sich sowohl an der Schraube als auch an der Bohrung eine Fase befinden kann, sind aufgrund der experimentellen Erkenntnisse die Fasen bzw. Senkungen nach folgender Beziehung (Abb. 4.4) auszulegen:

$$\delta_{max} = \frac{D_F - d_F - 0{,}5}{2} \qquad (4.2)$$

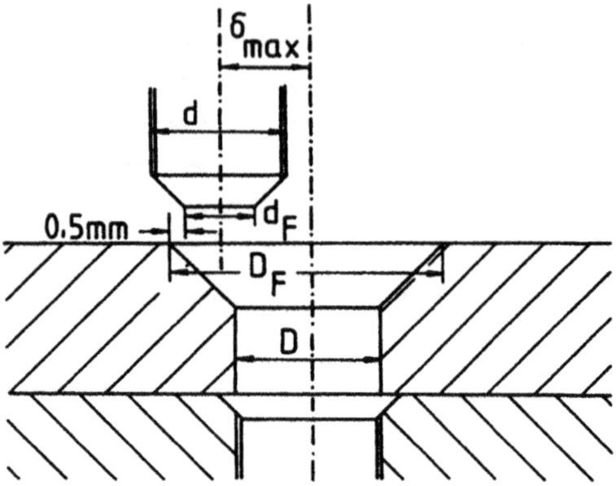


Abb.4.4 : Experimentell ermittelter maximal möglicher lateraler Fügefehler in Abhängigkeit von der Anfasung

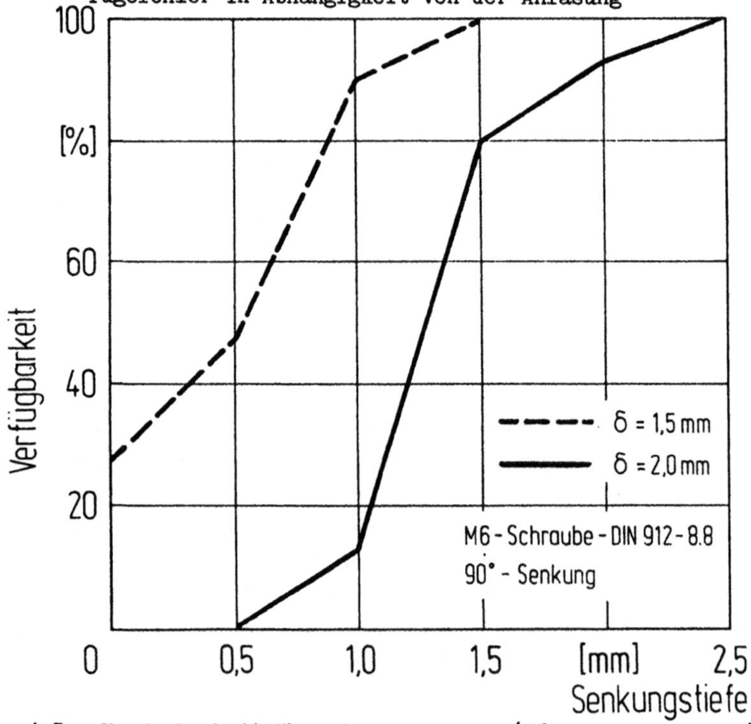


Abb. 4.5 : Verfügbarkeit über der Senktiefe (M6*25 DIN 912-8.8 ) (ohne Berücksichtigung von Werkzeugverklemmungen)

Überlagert man den lateralen Fehler mit einem Winkelfehler, tritt mit zunehmendem Winkelfehler eine Verringerung des gleichzeitig maximal möglichen lateralen Fehlers ein (s. Abb. 4.8.). Bei diesen Versuchsreihen wurden die Fasen nach der Beziehung (4.2.) in Abhängigkeit vom jeweiligen lateralen Fehler gewählt. Eine geringfügige Verbesserung der Verfügbarkeit bei größeren Winkelfehlern wurde durch die Wahl einer Kreuzschlitzschraube bzw. durch die Verwendung eines kugelförmigen Bits bei Inbusschrauben (Abb.3.21) erzielt.

Kompliente Aufhängung der Schraubspindel

Um nun aufgrund der in Kap.3 dargelegten Theorie eine Verbesserung der Versuchsergebnisse zu erreichen wurde die Schraubeinheit zwischen Industrieroboterflansch und Schraubspindel nachgiebig gelagert. Die konstruktive Ausführung ist aus Abb. 3.21 und Abb. 3.23 ersichtlich.

* Komplient hart (k= 130 N/mm)

Im Bereich kleiner lateraler Fehler ergibt sich eine geringfügige Steigerung der Verfügbarkeit gegenüber einer starr mit dem Industrieroboter verbundenen Schraubspindel.
Die höchstmögliche laterale Abweichung,bei der eine einwandfreie Verschraubung erzielt wird, liegt bei 2,5 mm. Bis zu einem lateralen Fehler von 3 mm wurden 90% der Schrauben einwandfrei verschraubt, deren theoretisch maximale seitliche Abweichung um bis zu 1 mm größer waren als nach Beziehung (4.1) erlaubt (s. Abb. 4.7).
Es mag zunächst verwunderlich sein, daß die Schraube hierbei in das Gewinde findet, obwohl sie bereits außerhalb der Fase auf das Werkstück trifft; eine detailliertere Betrachtung erklärt aber diesen Vorgang:
Die Schraubenachse befindet sich noch innerhalb des Fasendurchmessers. Durch die Kraft $F_z$ wird ein - wenn auch geringes - Moment um den Berührpunkt erzeugt, das wiederum ein Auskippen der Schraube zur Bohrung hin bewirkt. Das kompliente System erlaubt hierbei ein Ausweichen des Schraubenkopfes. Die Drehung der Schraube auf dem Werkstück verringert die Reibung, sodaß sie in die Bohrung gleitet. Diesen Vorgang verdeutlicht Abb. 4.6.

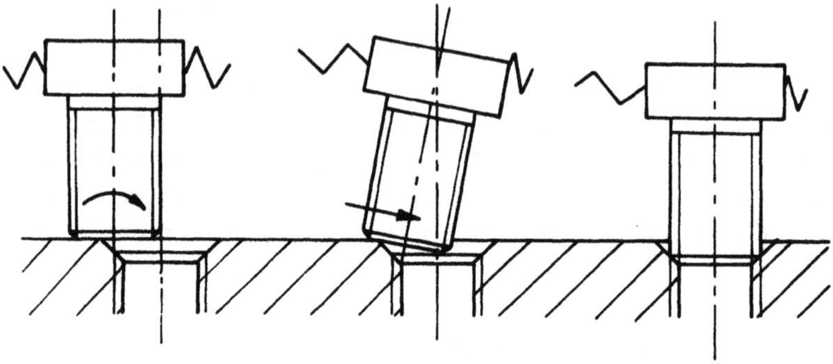

Abb. 4.6 : Verschrauben mit kleiner Fase und großem Versatz

Bei großer Exzentrizität tritt in den Bohrungen ein Verkanten der Schraube auf, da die Schraube durch den Seitenfehler eine Ausgleichsdrehbewegung durchführt. Dabei ergibt sich eine 2-Punkt-Berührung. Eine genaue Betrachtung ist aus Kap 3.3.2. ersichtlich. An diesen Berührungspunkten entstehen hohe Flächenpressungen, die zur Verformung und Zerstörung des Gewindes führen. Bei einem Seitenlagefehler von 3,0 mm und gleicher Senktiefe liegt aus diesen Gründen die Verfügbarkeit unter 90 % (s. Abb. 4.7).

Bei der Kombination von Exzentrizitäten und Winkelfehlern ist das hart gelagerte kompliente System in der Lage, einen erheblich größeren Fehlereinfluß durch die möglichen Ausgleichsbewegungen zu kompensieren (s. Abb. 4.8). Bei einer Exzentrizität von 1 mm ist trotz eines Winkellagefehlers von $3^{o}$ eine einwandfreie Verschraubung möglich. Mit zunehmender lateraler Abweichung verringert sich dann der erlaubte Winkelfehler. Weist die Schraube eine Exzentrizität von 3 mm gegenüber der Bohrung auf, dann darf kein Winkellagefehler mehr auftreten, um eine fehlerfreie Verschraubung zu gewährleisten.

Für das Verschraubergebnis von Bedeutung ist die "eingeteachte" Seitenrichtung der Exzentrizität. Die beste Verfügbarkeit wird bei einer Schraube mit Rechtsgewinde erzielt, wenn sie geringfügig in Schraubrichtung links von der Bohrung zu liegen kommt. Die Ursache liegt darin, daß bei einem Winkellagefehler die Schraube das Werkstück nur noch in einem einzigen Punkt und nicht auf einem Flächenteil berührt. Betrachtet man die Kinematik der Schraube (analog zum Rad), bewegt sich die Schraube bei Rechtsdrehung nach rechts in die Bohrung hinein. Bedingung ist natürlich eine ausreichende Nachgiebigkeit des Systems. Bei positivem Winkelfehler bewegt sich die Schraube in positiver Richtung der Schraubspindel senkrecht zur Winkelebene. Ein Programmieren der Schraubspindel mit einer geringen Exzentrizität in die oben aufgezeigte Richtung hat daher einen positiven Einfluß auf das Verschraubergebnis.

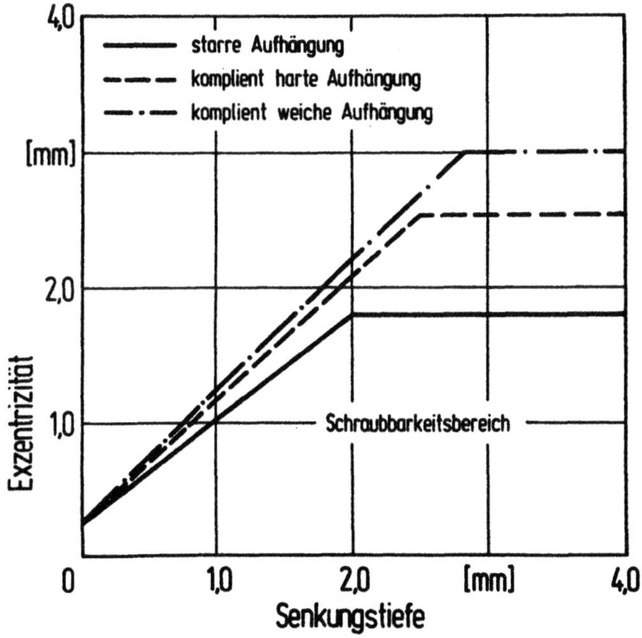


Abb. 4.7 : Grenzen der Verschraubbarkeit bei lateralen Lagefehlern in Abhängigkeit von der Aufhängung der Schraubspindel (γ=99%)

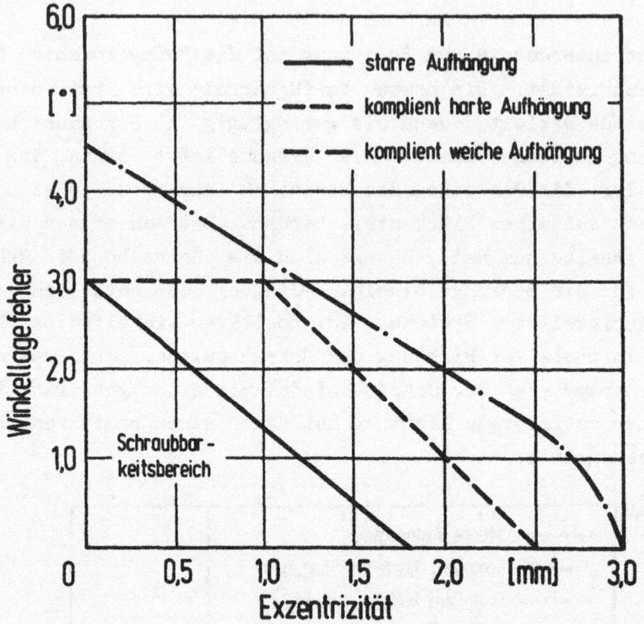


<u>Abb. 4.8 :</u> Grenzen der Verschraubbarkeit bei Winkel- und Exzentrizitätsfehlern in Abhängigkeit von der Aufhängung der Schraubspindel ( $\gamma$ =99%)

* komplient weich (k= 30 N/mm)

Eine erheblich weichere Aufhängung der Spindel ermöglicht einen größeren lateralen Fehler (s. Abb. 4.7). Bei 3 mm Exzentrizität liegt das Maximum für eine einwandfreie Verschraubung. Eine Vergrößerung der Anfasungen ermöglicht zwar noch ein Verschrauben bei größeren lateralen Lagefehlern, die Verfügbarkeit ist jedoch nicht mehr mit 100% gegeben.

Bei der Kombination der beiden Fehlerarten (Winkel und Exzentrizität) ist ebenfalls mit einer weicheren Aufhängung ein größerer Schraubbarkeitsbereich erzielbar (Abb. 4.8). Der Winkellagefehler kann ohne laterale Abweichungen $4{,}5^{o}$ betragen. Selbst bei einer Exzentrizität von 2 mm ist noch ein Winkellagefehler von $2^{o}$ möglich.

Bei großen Winkelfehlern bewirkt das kompliente System zwar,daß die Schraube das Gewinde findet.Es kann aber nicht verhindern, daß die Schraube verkantet, da das Haltemoment der Spannzange (s. Abb. 3.14) zu klein ist.

Problematisch beim Einsatz von weichen Elastomeren sind auch Hystereseerscheinungen, die eine Verwendung noch weicherer Elastomere verhindern. Der Einsatz eines komplienten Systems mit noch geringerer Steifigkeit ist auch durch das damit für den Schraubprozeß ungünstige dynamische Verhalten begrenzt. In Abhängigkeit vom Gewicht der Schraubspindel und der Beschleunigung des Roboters ist beim Anfahren des Roboterarms an die Schraubstelle eine Einschwingzeit zu berücksichtigen.

## 4.3 Zusammenfassung

Der schraubbare Bereich bei reinem Seitenlagefehler in Abhängigkeit von der Senkungstiefe wurde ohne und mit komplienten Aufhängungen verschiedener Steifigkeit erfaßt (Abb. 4.7) /51/, /52/.
Bei starrer Aufhängung ist die Größe des gerade noch verschraubbaren Seitenfehlers nicht nur von der Senktiefe abhängig. Durch die bei DIN-Schrauben vorhandene Fase am Gewindeauslauf ist ein Verschrauben ohne Senkung bis zu einer Exzentrizität von 0,3 mm möglich. Ab einem seitlichen Lagefehler von ca. 2 mm verkantet das Werkzeug (Bit) im Schraubenkopf oder die Schraube im Gewinde. Bei größeren Exzentrizitäten faßt die Schraube am Gewindeeingang nicht mehr.

Die Versuche mit einer komplient aufgehängten Schraubspindel ergaben, daß sich der Schraubbarkeitsbereich bei größeren Exzentrizitäten in Abhängigkeit von der Steifigkeit der elastomeren Elemente erheblich vergrößert. Allerdings gilt auch hier die Beziehung, daß die jeweilige Exzentrizität für ein einwandfreies Verschrauben nicht größer sein darf als die Summe von Senkungstiefe der Bohrung und Fasenbreite der Schraube. Ab 3 mm Exzentrizität wurden Fehlverschraubungen festgestellt. Eine noch weichere Aufhängung (ab ca. 30 N/mm) bringt keine Verbesserungen mehr, da sich das dynamische Verhalten beim Anfahren an den zu verschraubenden Ort verschlechtert.

Betrachtet man den Einfluß der Winkellagefehler in Relation zur Exzentrizität (Abb. 4.8), so stellt man fest, daß bei exakter translatorischer Positionierung mit einer weichen komplienten Aufhängung die rotarorische Abweichung ohne Beeinflussung der Verschraubungszuverlässigkeit über $4^{o}$ betragen kann. Bei Erhöhung der Exzentrizität und gleichzeitiger Vergrößerung der Senktiefe um denselben Betrag wird der noch tolerierbare Winkelfehler zunehmend geringer.

# 5. Möglichkeiten zur Erhöhung der Flexibilität beim Verschrauben

## 5.1 Einleitung

Kennzeichnend für die Situation der Produktionstechnik sind heute die erhöhte Produktvielfalt bei kleineren Stückzahlen und eine kürzere Produktlebensdauer. Dies bedeutet beim Verschrauben, daß unterschiedliche Schraubenarten, Schraubenlose und Fügestellen von dem gleichen Schraubsystem montiert werden sollen.
Es werden daher im folgenden flexibilitätsbestimmende Merkmale der Einzelkomponenten eines Schraubsystems herausgearbeitet und Möglichkeiten zur Erhöhung der Flexibilität aufgezeigt. Der Begriff "Flexibilität" wurde in verschiedenen Arbeiten betrachtet /1/, /53/, /54/, /54, /55/, /56/, /57/, /58/, /59/, /60/. Ausgehend von den verschiedenen Definitionen in der Literatur wird dieser Begriff näher untersucht und in Bezug auf automatische Schraubsysteme präzisiert.

## 5.2 Der Begriff Flexibilität

Milberg /1/ bezeichnet Flexibilität als Anpassungsfähigkeit der Produktionseinrichtungen an unterschiedliche Produktionsaufgaben. Dabei sind die Produktionsaufgaben im allgemeinen durch Geometrie-, Technologie-, Mengen- und Zeitangaben festgelegt. Flexibilität von Produktionseinrichtungen bedeutet nach Milberg also Anpassungsfähigkeit im Hinblick auf Teilegeometrie und die Anzahl unterschiedlicher Fertigungsverfahren, die an einer Arbeitsstation durchgeführt werden kann, sowie im Hinblick auf einen möglichst breiten wirtschaftlichen Losgrößenbereich und eine Verkürzung der Reaktionszeit zur Anpassung an geänderte Randbedingungen.

Bezieht man diese Definition auf eine automatisierte Schraubstation, dann muß für die einzelnen Komponenten des Systems folgendes gelten:

Eine flexible Schraubstation muß

- unterschiedliche Schraubenformen und -größen in verschieden angeordneten Schraubbildern,

- mit verschiedenen Anzugsverfahren (gemäß Schraubenkopf, Drehmoment, Sicherheitskontrolle etc.),
- unter Einbeziehung von an dieser Station anstehenden Nebentätigkeiten,
- bei variierenden Stückzahlen und Produktchargen und
- mit unterschiedlichen Zeitvorgaben

ohne systemexternen Eingriff einwandfrei verschrauben.

Wiendahl /54/ bezeichnet Flexibilität als die gesteigerte Anpassungsfähigkeit des Produktionsapparates auf Mengenänderungen und technische Änderungen. Er unterscheidet dabei zwischen Produktflexibilität, d.h. der Anpassungsfähigkeit an die von Kunden geforderten Funktionen, Leistungen und ihre Kombinationsmöglichkeiten zu Anlagen unterschiedlicher Komplexität, und der sogenannten Produktionsflexibilität. Diese untergliedert er weiter in technologische Flexibilität, strukturelle Flexibilität und kapazitive Flexibilität (Abb. 5.1).
Die technologische Flexibilität wird dabei als die Vielseitigkeit und Umrüstbarkeit eines einzelnen Betriebsmittels oder einer gesamten Fertigungsanlage verstanden. Vielseitigkeit bedeutet dabei die Fähigkeit, mehrere Fertigungsaufgaben mit der vorhandenen Ausrüstung auszuführen. Demgegenüber wird die Fähigkeit einer Anlage, zukünftige, technologisch verschiedene Fertigungsaufgaben mit wirtschaftlich vertretbarem Umrüstaufwand auszuführen, als Umrüstbarkeit bezeichnet. Unter struktureller Flexibilität, oft auch als Durchlauffreizügigkeit bezeichnet, wird die durch ein Fertigungssystem gegebene Unabhängigkeit bei der Festlegung von Arbeitsvorgangsreihenfolgen verstanden. Dieser Aspekt der Flexibilität wird in letzter Zeit oft durch die Begriffe "flexibles Fertigungssystem" oder "flexibles Montagesystem" ausgedrückt. Unter kapazitiver Flexibilität versteht Wiendahl die Erweiterungsfähigkeit, d.h. die quantitative Leistungsreserve (z.B. Überstunden, Schichtarbeit), die Kompensationsfähigkeit, d.h. die Ausgleichsmöglichkeit von quantitativen Verschiebungen im Produktionsprogramm, sowie die Speicherfähigkeit, d.h. Ausgleichsfähigkeit bei Mengenschwankungen, z.B. durch Lagerfertigung, eines Systems.

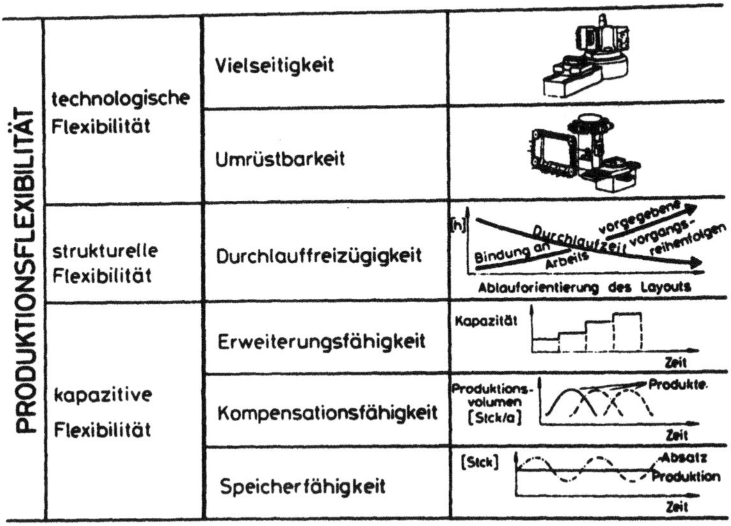


Abb. 5.1 : Gliederung der Produktionsflexibilität nach /54/

Bezieht man diese Definition von Flexibiltät auf ein automatisches Schraubsystem, dann ist unter Produktionsflexibilität folgendes zu verstehen:

- technologische Flexibilität bedeutet Umrüstbarkeit auf z.B. andere Schraubentypen bzw. -größen durch einen Schrauberwechsel und Vielseitigkeit zur Ausführung anderer Tätigkeiten (z.B. Handhabung des zu verschraubenden Teils mittels Doppeleffektor).
- strukturelle Flexibilität ist z.B. die Möglichkeit, die Reihenfolge der einzelnen Schraubpositionen zu verändern, oder im Bedarfsfall die Arbeit von anderen Schraubstationen zu übernehmen (Redundanz).
- kapazitive Flexibilität kann als Erhöhung der Schraubleistung (Erweiterungsfähigkeit), Änderung der Taktzeit (Kompensationsfähigkeit) oder die Möglichkeit, Mengenschwankungen auszugleichen (Speicherfähigkeit) bezeichnet werden.

Auer /57/ versteht unter Flexibilität die Anpaßbarkeit an die sich durch Markteinflüsse ständig ändernde Produktion. Die jeweils benötigte Flexibilität ist abhängig von :

* dem Prozeß, dem Verfahren,
* der Maschine,
* dem Bewegungsraum und
* dem Arbeitstakt.

Die Flexibilität von Handhabungseinrichtungen wird bestimmt durch:

* das Werkzeug,
* die Steuerung,
* die Sensoren und
* die Kinematik.

Bei einem automatischen Schraubsystem kann der Arbeitsprozeß immer gleich gehalten werden. Der Bewegungsraum der Maschine muß für das gesamte Werkstückspektrum ausreichend groß sein, der Arbeitstakt der Maschine muß sich der jeweils geforderten Stückzahl anpassen können, um von einem flexiblen Schraubsystem sprechen zu können. Die Flexibilität der Maschine ist nur abhängig vom Werkzeug (Schrauber), von der Prozeßsteuerung (Bewegungsablauf) und von evtl. Sensoren zur Überwachung des Prozeßes, aber nicht von der Grundkinematik, die beim Schrauben immer gleich bleibt.

Eine recht detailierte Beschreibung des Begriffes Flexibilität gibt Siemens /58/ in seiner Arbeit "Konstruktive Lösungswege zur Erhöhung der Flexibilität von Werkzeugen für Handhabungsgeräte". Er definiert Flexibilität allgemein als die Anpassung an andere Aufgabenstellungen. Dabei unterscheidet er, wie die Anpassung an eine andere Aufgabenstellung erfolgt und welches Ausmaß die Anpassungsfähigkeit hat. Für die Art und Weise, wie die Anpassung erfolgt, ist es interessant, ob sie automatisch vonstatten geht, oder ob ein äußerer mechanischer Eingriff in das System nötig ist und welchen Aufwand dieser verursacht. Unter äußerem mechanischen Eingriff verseht er dabei das manuelle oder automatische Austauschen bzw. Verändern von Systemelementen.

Das Ausmaß der Anpassungsfähigkeit differenziert er danach, ob eine quantitative Funktionserweiterung vorliegt, d.h. wenn die vorgegebene Funktion in verschiedener Ausprägung erfüllt werden kann, oder eine qualitative Funktionserweiterung, d.h. wenn zur vorgegebenen Funktion auch andere Funktionen erfüllt werden können.
Mit Hilfe dieser Unterscheidungskriterien läßt sich eine Begriffsmatrix der Anpassungsfähigkeit bilden. Der Begriff "Anpassungsfähigkeit" kann dabei in den meisten Fällen gleichbedeutend mit dem Begriff "Flexibilität" gesetzt werden. Für die Felder der Begriffsmatrix schlägt Siemens die in Abb. 5.2 aufgeführten Begriffe vor.

| Realisierung der Flexibilität / Ausmaß der Flexibilität | mit äußeren mechanischen Eingriff | ohne äußeren mechanischen Eingriff |
|---|---|---|
| quantitative Funktionserweiterung (Erweiterung bestehender Funktionen) | Umrüstbarkeit | Elastizität |
| qualitative Funktionserweiterung (Hinzufügen neuer Funktionen) | Umbaubarkeit | Universalität |

Abb. 5.2 : Begriffsmatrix der Flexibilität nach /58/

Aus dieser Begriffsmatrix ergeben sich folgende Definitionen, die im allgemeinen Fall auf ein Betriebsmittel oder eine Produktionsanlage oder wie in diesem Fall auf ein automatisches flexibles Schraubsystem bezogen werden können.

- Umrüstbarkeit: Erweiterung bestehender Funktionen (quantitative Funktionserweiterung) durch einen äußeren mechanischen Eingriff, d.h. durch Anbringen eines anderen Schraubers die Möglichkeit zu gewinnen, andere Schraubentypen verarbeiten zu können.

- Umbaubarkeit: Hinzufügen neuer Funktionen (qualitative Funktionserweiterung) durch einen äußeren mechanischen Eingriff, d.h. z.B. Hinzufügen von Positionieraufgaben, wenn der an das Handhabungsgerät angeflanschte Schrauber durch einen mechanischen Greifer ersetzt werden kann.
- Elastizität: Erweiterung bestehender Funktionen (quantitative Funktionserweiterung) ohne äußeren mechanischen Eingriff, d.h. die Verwendung verschiedener Schrauben mit einem Schrauber ist möglich.
- Universalität: Hinzufügen neuer Funktionen (qualitative Funktionserweiterung) ohne äußeren mechanischen Eingriff, d.h. daß Schrauber und Greifer auf einem Revolverkopf befestigt sind und wahlweise zum Einsatz gebracht werden können.

Daraus ergibt sich schließlich die Definition der

- Flexibilität: Die Fähigkeit zur Funktionserweiterung, d.h. zur Anpassung an unterschiedliche Aufgaben.

Die oben aufgeführten Definitionen zeigen die Unschärfe und Uneinheitlichkeit des Begriffes "Flexibilität" im heutigen Sprachgebrauch. Die gemeinsame Aussage aller oben genannten Definitionen ist wohl, daß sich mit wachsender Flexibilität eine zunehmende Anzahl von verschiedenen Werkstükken auf ein und derselben Anlage (Maschine) mit möglichst geringem Umrüstaufwand bearbeiten läßt. Alle weitergehenden Betrachtungen über Flexibilität hängen stark vom Standpunkt des jeweiligen Betrachters ab. Es ist auch von Bedeutung, ob bei einer Flexibilitätsbetrachtung eine einzelne Maschine, eine Komponente der Maschine (z.B. Greifer), eine Fertigungszelle, ein Fertigungssystem oder eine ganze Fertigung betrachtet wird.

Der Oberbegriff "Flexibiltät" kann dabei nach folgenden Gesichtspunkten differenziert werden:

- zeitlicher Aspekt,
- wirtschaftlicher Aspekt,
- bearbeitbares Werkstückspektrum und
- verwendete Produktionsmittel.

Für die einzelnen Aspekte der Flexibilität werden dabei in Anlehnung an obige Definitionen die in Abb. 5.3 dargestellten Begriffe und Bedeutungen vorgeschlagen.

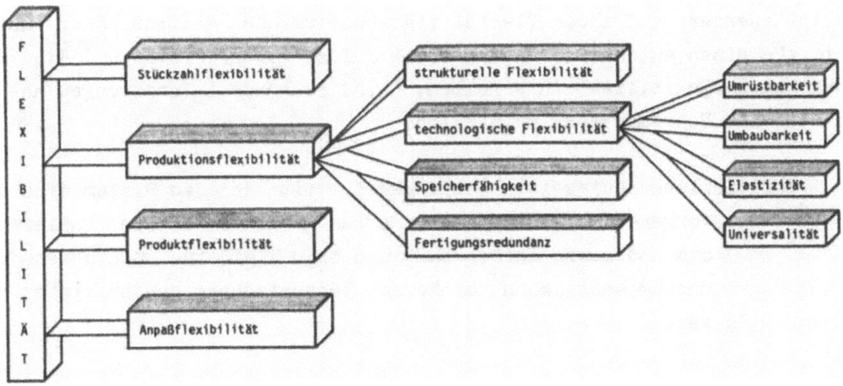


Abb. 5.3 : Gliederung der Flexibilität

Der zeitliche Aspekt kann als "Stückzahlflexibilität" bezeichnet werden, d.h. die Möglichkeit die Mengenleistung dem jeweiligen Bedarf anzupassen. Dieser Aspekt der Flexibilität wird von manchen Autoren auch als quantitative oder kapazitive Flexibilität bezeichnet. Den wirtschaftlichen Aspekt berücksichtigt die sogenannte "Anpaßflexibilität", d.h. die Kosten für eine flexible Produktionsanlage, sowie die Umrüstkosten und -zeiten bei einem Produktwechsel. Die "Produktflexibilität" bezeichnet das bearbeitbare Werkstückspektrum, d.h. wieviele verschiedene Werkstücke mit möglichst geringem Umrüstaufwand bearbeitet werden können. Dies entspricht in etwa der Definition von Einsatzflexibilität bei manchen Autoren. Die verwendeten Produktionsmittel bestimmen die "Produktionsflexibilität", die sich ihrerseits wieder aufgliedern läßt in strukturelle Flexibilität, Speicherfähigkeit, Fertigungsredundanz und technologische Flexibilität. Die technologische Flexibilität vereint die Begriffe Umrüstbarkeit, Umbaubarkeit, Elastizität und Universalität (Vielseitigkeit).

## 5.3 Elemente eines automatischen Schraubsystems

### 5.3.1 Einführung

Im folgenden werden die Elemente eines automatischen flexiblen Schraubsystems insbesondere auf ihren flexibilitätsbestimmenden Einfluß näher untersucht. Um einen automatischen Arbeitsablauf zu gewährleisten und die Forderung nach Flexibilität zu erfüllen, sind folgende Anforderungen an ein automatisches Schraubsystem zu stellen:

- Positioniergenauigkeit: Genauigkeit, mit der das System eine vorgegebene Schraubstelle anfahren kann. Dieser Fehler muß so klein sein, daß auch beim kleinsten Schraubendurchmesser noch sicheres Verschrauben gewährleistet ist.

- Produktvielfalt: Es sollen möglichst viele, d.h. alle jeweils benötigten Produkte in unterschiedlichen Losgrößen ohne manuellen Umrüstaufwand auf einer Anlage bearbeitet werden können.

- Kapazitätsschwankungen: Anpassung der Mengenleistung an den jeweils benötigten Bedarf. Diese Anpassungsfähigkeit ist auch verbunden mit dem Begriff:

- Speicherfähigkeit: Die Möglichkeit kurzzeitige Störungen bzw. Unterbrechungen der Werstückzu- bzw. -abfuhr durch Pufferspeicher auszugleichen und Kapazitätsspitzen durch Leeren der Speicher zu überbrücken.

- Produktänderungen: Es muß jederzeit möglich sein, ohne großen Umrüstaufwand neue Produkte zum bestehenden Werkstückspektrum hinzuzufügen, bzw. bereits vorhandene zu ändern oder wegzulassen.

- Redundanz: Bei Ausfall einzelner Bearbeitungsstationen in einer Fertigungslinie sollen die restlichen Stationen in der Lage sein, die nicht erledigten Arbeiten zusätzlich auszuführen.

- Zusatzfunktionen: Neben der eigentlichen Hauptfunktion Verschrauben sollen noch Zusatzfunktionen, wie z.B. Greifen eines Werkstückes möglich sein, um die FLexibilität des Gesamtsystems zu erhöhen.

Die Flexibilität des gesamten Schraubsystems wird dabei weitgehend von folgenden Punkten bestimmt:

- Schraubenzuführung,
- Schrauber / Werkzeug,
- Positionierung,
- Steuerung und
- Werkstückhandhabung.

### 5.3.2 Schraubenzuführung

Bisher stellt die mangelnde Flexibilität der Peripherie, insbesondere der Teilezuführung und der Teilevereinzelung ein großes Automatisierungshemmnis in der flexiblen Montage dar. Bei einem automatischen Schraubsystem ist deshalb besonderer Wert auf eine möglichst flexible Gestaltung der Schraubenzuführung zu legen. Daraus ergeben sich folgende Anforderungen an eine automatische Schraubenzuführeinrichtung:

* Produktspektrum,
* Mengenleistung,
* Speicherkapazität und
* Arbeitsraum / Kollisionsgefahr.

Mit der Schraubenzuführeinrichtung muß ein möglichst großes Produktspektrum abgedeckt werden können. Das heißt, es müssen verschiedene Schraubenarten und Schraubengrößen (-durchmesser, -längen) wahlweise zuführbar sein. Die Umstellung auf einen anderen Schraubentyp soll dabei automatisch, d.h. ohne manuellen Eingriff von außen, in möglichst kurzer Zeit durchführbar sein. Dies gilt insbesondere, wenn für ein Werkstück verschiedene Schraubentypen benötigt werden. Die Mengenleistung einer Zuführeinrichtung bezeichnet die Anzahl der zuführbaren Schrauben pro Zeiteinheit. Sie richtet sich nach der maximalen Anzahl der pro Werkstück benötigten Schrauben und der zur Verfügung stehenden Taktzeit. Es ist darauf zu achten, daß die Mengenleistung bei neuen Produkten mit größerer Schraubenzahl gesteigert werden kann, um eine konstante Taktzeit an der Schraubstation zu gewährleisten. Die Speicherkapazität der Zuführeinrichtung muß groß genug sein, um auch über einen längeren Zeitraum einen automatischen Betrieb der Anlage zu ermöglichen. Es ist zu unterscheiden, ob die Bunker der Zuführeinrichtung automatisch oder manuell nachgefüllt werden können. Die Zuführeinrichtung darf, besonders bei mitgeführten Magazinen, den Arbeitsraum des Schraubsystems nicht dahingehend beeinträchtigen, daß nötige Bewegungen der Schraubspindel aus Platzgründen nicht mehr möglich sind. Bei jeder Bewegung des Schraubsystems ist sicherzustellen, daß eine Kollision mit dem Werkstück oder sonstigen Gegenständen im Arbeitsbereich der Schraubspindel (z.B. feste Zuführrinne) ausgeschlossen ist.

Das Bereitstellen der Schrauben für ein automatisches Schraubsystem besteht im wesentlichen aus folgenden Abläufen:

* Bunkern,
* Ordnen,
* Zuteilen und
* Weitergeben.

Es gibt zwei grundsätzlich verschiedene Konzepte, diese Abläufe zu realisieren:

a) Bunkern der Schrauben in ungeordneter Form

Dazu werden fast ausschließlich Schwingförderer (Vibrationswendelförderer) benutzt. Die Versorgung der Vibrationswendelförderer mit Schrauben kann, falls die Speicherkapazität entsprechend groß ist, von Zeit zu Zeit durch manuelles Auffüllen des Sortiertopfes geschehen. Wird jedoch eine größere Mengenleistung benötigt, ist es vorteilhaft, den Füllstand im Sortiertopf des Schwingförderers mit einem geeigneten Sensor automatisch zu messen und bei Bedarf aus einem großen übergeordneten Bunker Schrauben nachzufüllen. Das Ordnen der Schrauben nach Größe und Lage geschieht durch sog. Schikanen am Ausgang des Schwingförderers. Die Zuteileinrichtung stellt die Schrauben zum jeweils benötigten Zeitpunkt bereit. Die Schrauben werden dann entweder mit einer Zuführrinne weitergegeben und an einer definierten Entnahmeposition einzeln vom Schraubkopf aufgepickt oder direkt über einen flexiblen Kunststoffschlauch in den Schrauber eingeschossen (Abb. 4.1).

Dem Vorteil der hohen Mengenleistung steht bei dieser Art der Zuführung der generellen Nachteil gegenüber, daß die gesamte Zuführeinrichtung nur für einen einzigen Schraubentyp geeignet ist und daher keine Flexibilität im eigentlichen Sinne aufweist.

Zur Erlangung einer gewissen Flexibilität bei solchen Anlagen besteht die Möglichkeit, mehrere Schwingförderer für verschiedene Schraubenarten parallel anzuordnen und die Zuteileinrichtungen entsprechend zuzuschalten, oder die Schwingförderer auf Paletten zu setzen, die dann je nach Bedarf verfahren werden können /61/:

Seit neuestem werden jedoch bereits Vibrationswendelförderer angeboten, die auf optischem Wege in der Lage sind, programmgesteuert bis zu 15 unterschiedliche Teile zuzuführen /62/. Mit Hilfe derartiger Systeme ist es nun möglich, eine gewisse Flexibilität der Zuführeinrichtung sicherzustellen, um somit die Flexibilität der Gesamtanlage zu erhöhen.

b)Bunkern der Schrauben in geordneter Form

Dies erfolgt bei stationären Magazinen insbesondere in Form sogenannter Palettenspeicher, die beliebig in den Arbeitsraum des Schraubsystemes gefahren werden und in Containern zu größeren Einheiten zusammengefaßt werden können, die sich zum Wiederauffüllen leicht transportieren lassen.
Diese Methode hat den Vorteil, daß verschiedene Schraubenarten und -größen in beliebiger Reihenfolge und in nahezu beliebiger Menge verwendet werden können. Es kann damit zwar ein hoher Flexibilitätsgrad, jedoch nur eine wesentlich geringere Zuführleistung als bei Verwendung eines Vibrationswendelförderers erreicht werden.

Eine andere Möglichkeit der geordneten Bunkerung besteht darin, die Schrauben in einem Ladestreifen oder Ladegurt zu speichern und zuzuführen /62/, /63/. Diese Möglichkeit wird vor allem bei mitgeführten Magazinen angewandt. Sie haben eine wesentlich geringere Speicherkapazität und sind nur für jeweils einen Schraubentyp geeignet. Diese Alternative hat dort ihre Berechtigung, wo über längere Zeiträume nur ein Schraubentyp verwendet wird.
Bei der Schraubenzuführung ist grundsätzlich zu unterscheiden, ob die Schrauben aus einem stationären oder einem mitgeführten Magazin / Bunker entnommen werden. Mitgeführte Magazine haben den Vorteil, daß beim Laden der nächsten Schraube keine bestimmte Position angefahren werden muß, was eine hohe Schraubleistung sicherstellt. Von Nachteil ist jedoch die aus Platz- und Gewichtsgründen meist recht begrenzte Speicherkapazität. Bei stationären Magazinen muß meist eine bestimmte Position zur Aufnahme der nächsten Schraube angefahren werden (z.B. Palettenspeicher). Es sind jedoch auch Varianten möglich, die in jeder Position aus einem stationären Magazin nachgeladen werden können (Zuführung vom Schwingförderer über Kunststoffschlauch in die Schraubspindel).

Die wesentlichen Möglichkeiten der Schraubenzuführung bei einem automatischen Schraubsystem sind in Abb. 5.4 dargestellt:

| | |
|---|---|
| Magazin stationär | * Aufnehmen der Schraube mit Haltemagnet<br>* Aufnehmen der Schraube mit Vakuumsauger<br>* Aufnehmen der Schraube mit Spannzange<br>* Einlegen der Schraube mit zusätzlichem Schieber oder Einleger<br>* Einschießen der Schraube mit Preßluft durch flexiblen Kunststoffschlauch direkt in das Mundstück der Schraubspindel |
| Magazin mitgeführt | * Schwingförderer am Schraubsystem angeflanscht<br>* Schraubenzuführung aus mitgeführtem Magazin |

Abb. 5.4 : Alternativen der Schraubenzuführung bei einem automatischen Schraubsystem

Beim Aufnehmen der Schraube mit Haltemagnet, Vakuumsauger, Spannzange, sowie beim Zuführen der Schraube mit zusätzlichem Schieber oder Einleger, muß nach dem Festziehen jeder Schraube eine bestimmte Position angefahren werden, in der die nächste Schraube aufgenommen werden kann. Dies hat den Nachteil einer geringen Zuführleistung, jedoch den großen Vorteil, daß bei Verwendung mehrerer parallel arbeitender Zuführeinrichtungen verschiedene Schraubentypen und -längen direkt und in beliebiger Reihenfolgen von verschiedenen Punkten aufgenommen und verschraubt werden können. Diese Zuführeinrichtungen weisen bei geringen Anforderungen an die Schraubfrequenz einen hohen Flexibilitätsgrad auf.

Beim Einschießen der Schraube mit Preßluft durch einen flexiblen Kunststoffschlauch in die Schraubspindel erreicht man eine sehr hohe Zuführleistung.Man hat jedoch den Nachteil,daß nur Schrauben gleichen Durchmessers, jedoch unterschiedlicher Länge (Vorsicht: Längenverhältnis!) verwendet werden können.
Wird das Magazin mit der Schraubspindel mitgeführt, bietet sich für die Zuführung ein Schwingförderer oder ein Ladegurt an /63/.Der Schwingförderer hat eine relativ hohe Speicherkapazität und eine hohe Förderleistung, ist jedoch nur für einen Schraubentyp geeignet und kann nicht in jeder belie-

bigen Lage im Raum betrieben werden (Herausfallen der Schrauben, Ordnen durch Schwerkraft nicht mehr möglich). Beim einem Ladegurt, Schaft- oder Trommelmagazin ist die Speicherkapazität stark begrenzt, die Förderleistung jedoch ähnlich hoch, wie beim Schwingförderer. Es kann ebenfalls nur ein Schraubentyp verwendet werden. Einen Überblick und eine Beurteilung unterschiedlicher Funktionen verschiedenener Schraubenzuführungen gibt Abb. 5.5:

| Bewertungskriterien | Aufpicken mit Schraubschlüsseleinsatz | zusätzlicher Einleger | Zuführschlauch | mitgeführtes Magazin | mitgeführter Schwingförderer |
|---|---|---|---|---|---|
| *A* | 5...6 s | 3...4 s | <2 s | <2 s | <2 s |
| *B* | keiner | keiner | keiner, wenn $l < 2{,}5\,d$ | Magazinwechsel | keiner |
| *C* | Schraubschlüsseleinsatz-Wechsel | Schraubschlüsseleinsatz-Wechsel | Schrauberwechsel | Schrauberwechsel | Schrauberwechsel |
| *D* | mittel bei großen Fügetoleranzen | sehr groß | groß | groß | groß |
| *E* | 2 h | 2 h | 2 h | 0,5 h | 0,5...2 h |
| *F* | keine | keine | durch Zange und Schlauch | durch Zange und Magazin | durch Zange und Schwingförderer |
| *G* | keine | keine | mittel | groß | groß |
| *H* | klein | groß | mittel | groß | mittel |
| *I* | M1...M20 | M3...M20 | M1...M12 | M3...M20 | M1...M4 |

Abb. 5.5 : Beurteilung unterschiedlicher Funktionen von Schraubenzuführungen nach /63/

### 5.3.3 Flexibilität bei Schraubern

Die Flexibilität von Schraubern ist eng mit der Funktion "Verschrauben" verbunden. Das "Verschrauben" kann nach Siemens /58/ wiederum verschiedene Varianten beinhalten, wie z.B. verschiedene Schraubenformen, -größen, -anzugsmomente etc. Die spezielle Funktion "Verschrauben" kann aber auch durch andersgeartete Funktionen, wie z.B. Handhabung der zu fügenden Teile, ergänzt werden. Es bietet sich also eine Zweiteilung des Begriffes Funktion in Funktionsvarianten und Funktionsarten an.
Verschiedene Möglichkeiten zur Erhöhung der Flexibilität von Schraubern und deren Auswirkungen auf die Funktion "Verschrauben" sind in Abb. 5.6 dargestellt. Dabei bedeutet externer Wechsel einen Austausch oder das Verändern von Systemelementen durch den Menschen oder durch maschinelle Einrichtungen.

| Grad der Flexibilität \ Tiefe der Flexibilität | Funktionsvarianten | Funktionsarten |
|---|---|---|
| mit externem Wechsel | Umrüsten der Effektoren auf andere Schrauben | Umbau der Effektoren z.B. Schrauber - Greifer |
| mit internem Wechsel | modulares Wechselsystem (z.B. Steckschlüsselwechsel), automatisches Schrauberwechselsystem | Wechselsystem Schrauber-Greifer |
| ohne Eingriff | mehrere Schraubspindeln in Revolveranordnung, variable Schraubdurchmesser durch Steckschlüsselrevolvermagazin | Schrauber und Greifer fest am Industrieroboter angebracht |

Abb 5.6 : Flexibilität von automatischen Schraubern

Den geringsten Flexibilitätsgrad weisen Systeme mit externem (Werkzeug-) Wechsel auf. Dies beinhaltet entweder das Umrüsten auf andere Schraubentypen (-größen, -längen) durch, oftmals manuellen, Wechsel der Schraubeinheit oder den Umbau von einem Schraubwerkzeug auf ein Greifwerkzeug.

Ein interner Wechsel setzt ein automatisches Werkzeugwechselsystem vorraus, bei dem entweder verschiedene Schrauber untereinander ausgetauscht werden können oder es ist möglich, statt einem Schrauber beispielsweise auch einen Greifer zum Einsatz zu bringen.

Die höchste Stufe der Flexibilität ermöglicht es, ohne mechanischen Eingriff die Funktionsvarianten (z.B. mehrere Schraubspindeln in Revolveranordnung), oder die Funktionsarten (z.B. Doppeleffektor Schrauber - Greifer), verändern zu können. Ein Beispiel für den Aufbau eines solchen Doppeleffektors zeigt Abb. 5.7, bei dem an einer Seite des Schraubers ein Effektor zum Montieren von Klammern angebracht ist.

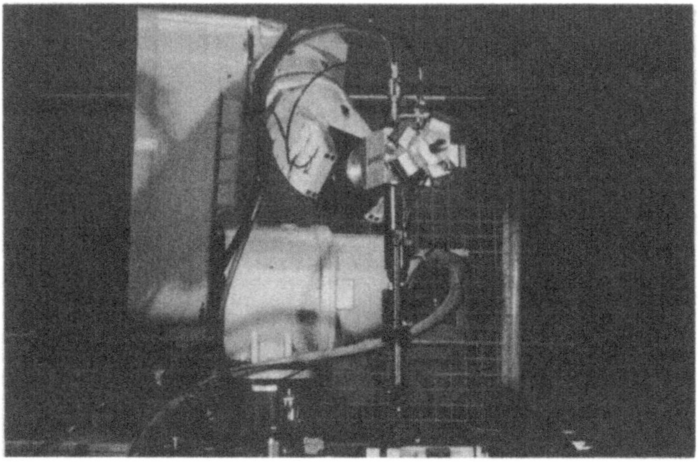

Abb. 5.7 : Industrieroboter mit Doppeleffektor

Die Beurteilung eines Schraubers hinsichtlich der Flexibilität läßt sich nach folgenden Kriterien durchführen:

- Antrieb: elektrisch (Hochfrequenz oder Gleichstromsteuerung), pneumatisch, hydraulisch.

- Anzugsverfahren: streckgrenzengesteuert, drehmomentgesteuert, drehwinkelgesteuert u.a..

- Sensorintegration Drehmomentüberwachung, Schrauberüberwachung (Schraube einlegen), Positionsüberwachung/-korrektur (Lochsensor).

- Schraubenzuführung: Einschießen mit Druckluft, einzeln aufpicken von Palette oder Zuführrinne, Magazin oder Ladegurt.

- Verbindung Schrauber-Handhabungsgerät: feste Verbindung, automatisches Wechselsystem, Revolverprinzip.

- Änderung des Schraubendurchmesser und Schraubenart: Steckschlüsselwechsel, Schraubkopfwechsel, Schrauberwechsel komplett.

Der Antrieb eines Schraubers spielt im Hinblick auf seine Flexibilität nur eine untergeordnete Rolle. Es ist jedoch zu beachten, daß bei unterschiedlichen Schraubengrößen, etwa im Bereich M3...M12, sehr unterschiedliche Anzugsmomente erforderlich sind. Es wird also vom Antrieb ein großer Anzugsmomentbereich gefordert. Elektrische Antriebe sind von einer elekronischen Steuerung einfacher zu regeln als pneumatische. Hydraulische Antriebe werden hauptsächlich bei sehr großen Drehmomenten (große Schraubendurchmesser) verwendet. Das gewählte Anzugsverfahren wird durch die jeweils geforderte Qualität an die Schraubenverbindung bestimmt /64/.
Ein Schrauber hoher Flexibilität erlaubt beispielsweise die wahlweise Verwendung des drehmoment- oder drehwinkelgesteuerten Anzugsverfahrens /65/. Es müssen dabei sämtliche Sensoren für alle Anzugsverfahren im Schrauber vorhanden sein, was den Bauaufwand entsprechend erhöht. Dabei ist zu unterscheiden, ob nur Sensoren für die Drehmomentüberwachung oder auch zur Überwachung der Schraubenzuführung vorhanden sind, was die Betriebsicherheit beträchtlich erhöhen kann.

Ein weiter Schritt zur Erhöhung der Flexibilität stellt der Anbau oder die Integration von Sensoren zur genauen Positionserkennung der Schraubstelle dar. Durch geeignete Maßnahmen ist eine Korrektur der Schraubposition bei evtl. auftretenden Abweichungen möglich.

Auf die Flexibilität der Schraubenzuführung wurde im vorigen Kapitel bereits ausführlich eingegangen, so daß hier auf weitere Ausführungen verzichtet werden kann.

Die Verbindung des Schraubers mit dem Handhabungssystem bestimmt wesentlich die Flexibilität des Gesamtsystems.
Eine starre Verbindung weist eine geringe Flexibilität auf, da die Werkzeuge bei jedem Wechsel vorwiegend manuell ausgetauscht werden müssen.
Ein automatisches Werkzeugwechselsystem mit genormter mechanischer Schnittstelle, ähnlich wie es heute bei NC-Bearbeitungszentren verwendet wird /66/, weist eine recht hohe Flexibilität und Ausbaubarkeit auf und dürfte für die meisten Anwendungszwecke gut geeignet sein. Beispiele für die

Ausführung solcher Werkzeugwechselsysteme mit genormter mechanischer Schnittstelle werden in /67/ und /68/ gegeben. Falls zur Bearbeitung eines gewünschten Produktspektrums nur wenige verschiedene Schrauber benötigt werden, empfiehlt sich zur Einsparung von Nebenzeiten und Investitionskosten die Verwendung eines Werkzeugrevolvers, der am Handhabungsgerät angebracht ist.

Erheblichen Einfluß auf die Flexibilität bei automatischen Schraubern hat der Aufwand für die Umstellung auf eine andere Schraubenart oder einen anderen Schraubendurchmesser. Hier bietet sich als Möglichkeit der automatische Wechsel des Schraubeinsatzes (Steckschlüssel) /63/,/65/ an,um andere Schraubengrößen verarbeiten zu können. Es könnte auch der Schrauberkopf mit dem Schraubeinsatz gewechselt werden, wobei der Motor und die Schraubspindel am Handhabungsgerät befestigt bleiben. Eine weitere Möglichkeit ist es, den Schrauber komplett zu wechseln, was jedoch ein Werkzeugwechselsystem, wie oben beschrieben, vorraussetzt.

## 5.3.4 Positionierung der Schraubeinheit

Die Möglichkeit der Änderung einzelner Schraubpositionen bei einem Produktwechsel ist ein weiterer Punkt, der die Flexiblität eines automatischen Schraubsystems maßgeblich beeinflußt. Nachfolgend ist die Positioniermöglichkeit verschiedener Handhabungsgeräte aufgezeigt, wobei die Flexibilität bzw. die Anzahl der montierbaren Produkte / -varianten von oben nach unten zunimmt. Dieser Sachverhalt wird nochmals in Abb. 5.8 wiedergegeben.

| Handhabungssystem | Positioniermöglichkeit |
|---|---|
| * automatisches Schraubsystem | starr, nur eine Position |
| * modulares Schraubsystem | durch mech. Eingriff veränderbar |
| * Koordinatentisch | in X-Y Ebene programmierbar |
| * Industrieroboter | frei im Raum programmierbar |
| * manuelles Schraubsystem (Handschrauber) | beliebig |

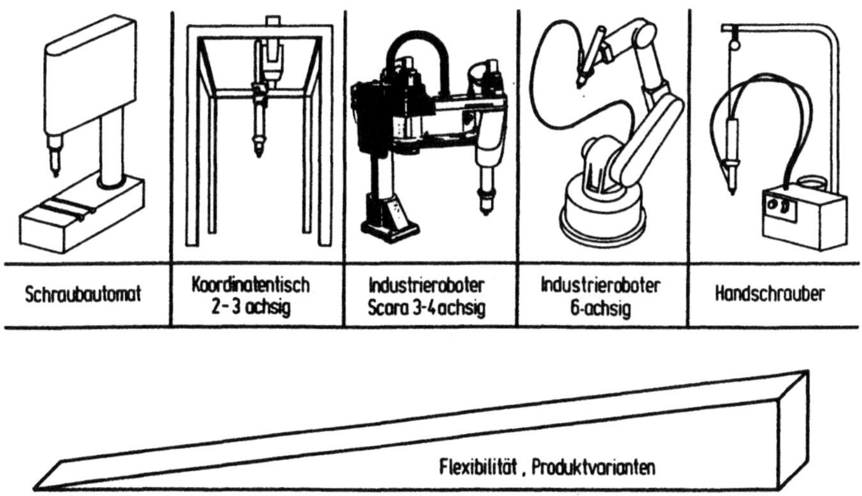


Abb. 5.8 : Positionierung von Schraubeinheiten

Bewertungskriterien für die Flexibilität von Handhabungsystemen sind:

- Positioniergenauigkeit,
- Fehlerkompensation / Fügehilfen,
- Flexibilität der Steuerung,
- Redundanz und
- technologische Flexibilität.

Bei automatischen Schraubsystemen, wie sie beispielsweise in Transferstrassen verwendet werden, ist die Positioniergenauigkeit sehr hoch, da nur ein genau vorgegebener Bewegungsablauf möglich ist. Dies bedeutet jedoch, daß keine Fehlerkompensation möglich ist, wenn z.B. ein Bauteil in etwas abweichender Lage zugeführt wird. Die Steuerung muß nur einen sehr geringen Flexibilitätsgrad aufweisen. Weiterhin ist auch keine Redundanz, d.h. die Übernahme von Arbeiten anderer Stationen, wegen des starren Arbeitsablaufes möglich. Die technologische Flexibilität, d.h. die Umrüstbarkeit auf andere Aufgaben ist ebenfalls nur sehr gering. Es handelt sich bei dieser Konzeption um eine typische Einrichtung zur Massenproduktion von Gütern, die ein Umstellen der Anlage nur in sehr großen Zeitabständen nötig macht.

Bei den modularen Schraubsystemen herrschen ähnliche Verhältnisse, wie bei den oben beschriebenen starren automatischen Schraubsystemen, mit dem Unterschied, daß hier die technologische Flexibilität größer ist. Es können einzelne Teile des Systems nach der Art eines Baukastensystems ausgetauscht werden, was eine bedingte Änderung der Schraubposition ermöglicht.

Koordinatentische bieten die Möglichkeit, die Schraubspindel in einer Ebene frei zu verfahren. Die Fügebewegung erfolgt jeweils senkrecht zu dieser Ebene. Die Positioniergenauigkeit solcher Anlagen ist, wegen ihres relativ stabilen Aufbaues, recht hoch, eine Kompensation von Positionierfehlern ist durch Verwendung geeigneter Sensoren in Verbindung mit einer entsprechend aufwendigen und flexibel gestalteten Steuerung möglich. Redundanz und technologische Flexibiliät sind ausreichend gewährleistet.

Ein Industrieroboter weist gegenüber einem Koordinatentisch den Vorteil auf, das die Schraubspindel jede beliebige Position im Raum anfahren kann und so jede beliebige Fügestelle problemlos erreichbar ist. Dies stellt jedoch nochmals erhöhte Anforderungen an die Programmierbarkeit und Flexibilität der Steuerung. Eine Fehlerkompensation ist sowohl durch aktive Fügehilfen (Sensorintegration wie beim Koordinatentisch), als auch passive Fügehilfen (komplientes System, d.h. eine nachgiebige Werkzeugaufhängung) möglich (Abb.3.20).

Die freie Beweglichkeit eines Industrieroboters kann sogar soweit gehen, daß der Roboter selbst ortsbeweglich ausgeführt wird und so an verschiedenen Orten (Maschinen) unterschiedliche Aufgaben mit unterschiedlichen Werkzeugen an unterschiedlichen Werkstücken ausführen /69/.
Ein Beispiel dazu gibt Abb. 5.9. Ein Industrieroboter wurde auf eine Palette gesetzt, die mit einem fahrerlosen induktiv geführtem Flurfördersystem zu verschiedenen Arbeitsstationen gefahren werden kann.

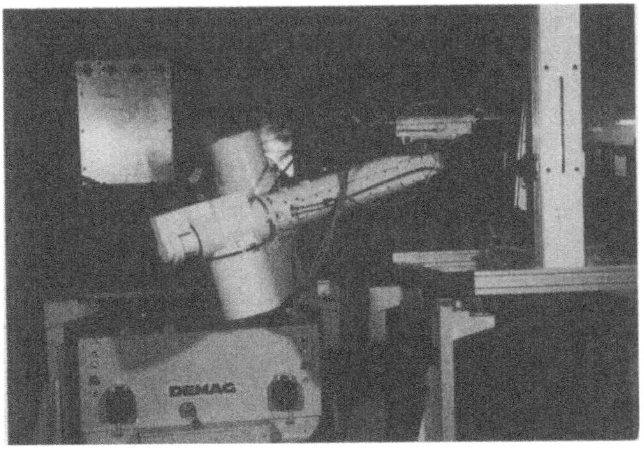


Abb. 5.9 : Autonomes, transportables Schraubsystem

Da sich sämtliche Komponenten - Industrieroboter mit Steuerung, Schraubspindel, Zuführschlauch, Vereinzelung und Vibrationswendelförderer - auf der Palette befinden, kann diese Schraubstation als transportables, autonomes, hoch flexibles System agieren.

Ein manuelles Schraubsystem (vom Menschen geführtes Handschraubgerät) weist mit Sicherheit die höchste Flexibilität auf. Die Positioniergenauigkeit ist zwar relativ gering, die Fähigkeit zur Fehlerkompensation aber ideal, so daß eine sofortige Einsetzbarkeit für alle denkbaren Produkte gewährleistet ist. Weiterhin ist eine vollkommene Redundanz und eine optimale technologische Flexibilität, durch Benutzung beliebiger anderer Werkzeuge, möglich.
Hauptnachteil der manuellen Schraubsysteme sind die geringe Produktivität, sowie die hohen (Lohn-) Kosten, die ein solches System verursacht. Dies ist auch der Grund weshalb in immer stärkerem Maße versucht wird, manuelle Schraubsysteme durch automatische zu ersetzen.

# 6. Erweiterte Wirtschaftlichkeitsbetrachtung und Nutzenrechnung

## 6.1 Einführung

Die Auswahlentscheidung für ein umfangreiches, kostenintensives Investitionsvorhaben stellt im Unternehmen eine zukunftsbestimmende Handlung dar. Die heute getroffene Investitionsentscheidung bestimmt für mehrere Jahre die Möglichkeiten des Unternehmens auf dem Markt konkurrenzfähig agieren zu können. Bisher ist in der Produktion die Entscheidung viel zu oft zeitpunktorientiert getroffen worden. Unter Einbeziehung von Veränderungen in der Fertigungsaufgabe ist jedoch eine zeitraum-bezogene Strategie erforderlich /70/.

Die Wirtschaftlichkeitsrechnung für Investitionsprojekte im Produktionsbereich stützt sich bisher im wesentlichen auf Faktoren wie Investitionskosten (Abschreibung, Zinsen, Finanzbedarf), Energie, Hilfs- und Betriebsstoffe, Raumkosten, Wartungs- und Instandhaltungskosten, Lohnkosten, Fertigungsgemeinkosten, Werkzeugkosten, Logistikkosten etc.. Die alleinige Betrachtung derartiger Faktoren ist jedoch für eine langfristig richtige Investitionsentscheidung nicht ausreichend. Die flexible Automatisierung von Montagetätigkeiten bringt eine Reihe von weiteren Nutzen für das Unternehmen mit sich.
Um die strategischen Unternehmensziele zu erreichen, kann die flexible Montageautomatisierung zur langfristigen Sicherung der Wettbewerbsfähigkeit durch den Einsatz modernster Technologien angestrebt werden, um auch in Zukunft hochwertige Produkte von guter Qualität bei hoher Produktivität anzubieten. Neben der Erhöhung der Produktivität und der Qualität sind u.a. die Steigerung der Flexibilität (siehe Kap.5), Auswirkungen auf die Humanisierung der Arbeit und auch die Verbesserung des Firmen-Images Faktoren, die in den konventionellen Investitionsrechnungen kaum zum tragen kommen, da sie nicht direkt quantifizierbar bzw. in Geldeinheiten bewertbar sind.

## 6.2 Rechnerunterstützter Wirtschaftlichkeitsvergleich von monetär quantifizierbaren Kriterien

Bei nahezu jeder Investitionsentscheidung werden die in Betracht gezogenen Alternativen anhand von monetär quantifizierbaren Kriterien bewertet. Die Behandlung dieser Faktoren ist Gegenstand der klassischen Investitionsrechnung, deren Ziel es ist zu ermitteln, ob und inwieweit eine Investitionsalternative die Zielsetzungen des Investors (z.B. eine Mindestrendite) erfüllt.

Auf dem Gebiet der Investitionsrechnung wurden im Laufe der Zeit viele Methoden entwickelt. Eine Übersicht über die heute gängigen Verfahren der Investitionsrechnung gibt Abb. 6.1:

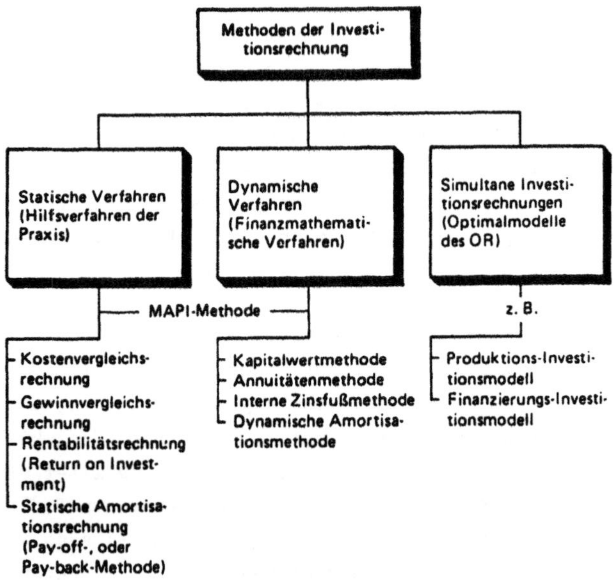


Abb. 6.1 : Einteilung der Investitionsrechenverfahren /71/

Zur Beurteilung der wirtschaftlichen Kenngrößen können statische und dynamische Verfahren eingesetzt werden.

Bei statischen Verfahren werden auf eine gewisse Zeitspanne bezogene Durchschnittswerte für die benötigten Größen (z.B. Kosten oder Erträge) angesetzt, die als repräsentativ für die gesamte Nutzungsdauer erachtet werden. Auf Grund der Einfachheit sowie der leichteren Beschaffbarkeit von Daten werden sie in der Praxis häufig eingesetzt.Sie sind einfach nachvollziehbar und haben den Vorteil einer guten Übersichtlichkeit.

Dynamische Verfahren berücksichtigen die zeitlichen Einflüsse von monetären Größen. Für sie spricht ihre höhere Genauigkeit, die aber voraussetzt, daß die Einnahmen- und Kostenentwicklung zukünftiger Perioden ausreichend genau vorhersehbar ist. Dadurch stellen diese Verfahren hohe Anforderungen an die Erfassung der Eingangsdaten.

Da ein großer Teil der Kosten bei der Wirtschaftlichkeitsrechnung einer Industrieroboterinvestition nicht direkt erfaßbar ist, (Peripherie-, Wartungs-, Verschleißteilkosten usw.) wird eine Berechnung der Wirtschaftlichkeit nach dynamischen Verfahren in vielen Fällen schwierig /72/.

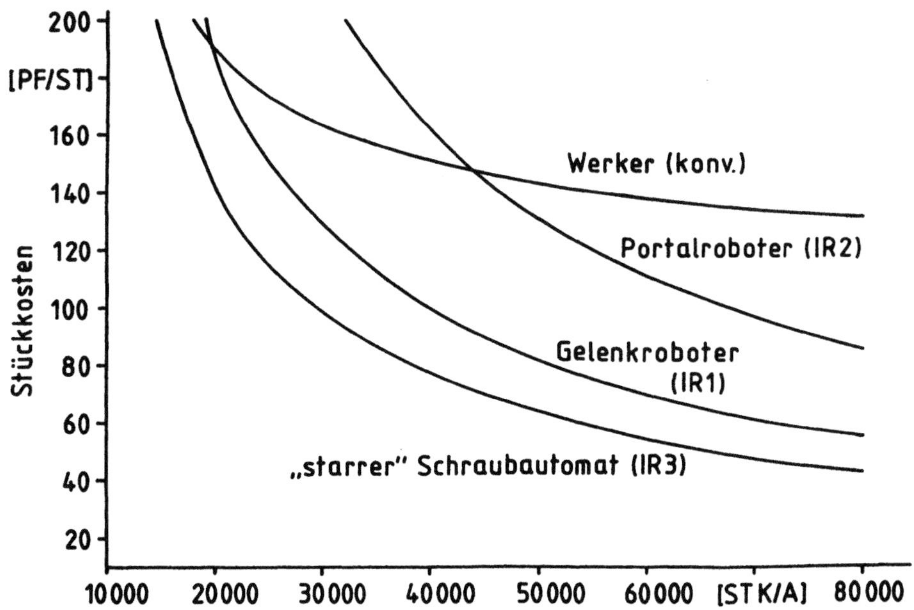


Abb. 6.2 : Stückkostenvergleich beim Schrauben mit unterschliedlichen Systemen

EINGABEDATEN

| | | |
|---|---|---|
| JAEHRL.ZINSSATZ | 10.00 | % |
| LAGERKOSTENSATZ | 0.00 | % |
| PROZ.SATZ F. MASCH.GEMEINKOST. | 0.00 | % |
| PROZ.SATZ F. LOHNGEMEINKOST. | 50.00 | % |
| QUADRATMETERPREIS | 30.00 | DM/QM/MON |
| EN.KOST/QM UND MON | 5.00 | DM/QM/MON |
| STROMPREIS | .06 | DM/KWH |
| STUNDENLOHN | 60.00 | DM/H |
| AUSNUTZUNGSGRAD | 90.00 | % |
| LOSGROESSE | 10000. | STCK |
| STCK/JAHR MIN | 10000. | STCK/A |
| STCK/JAHR MAX | 90000. | STCK/A |
| SCHICHTZAHL | 1. | |

| | KONV | IR1 | IR2 | IR3 | |
|---|---|---|---|---|---|
| ANSCHAFFUNGSKOSTEN | 0. | 110000. | 250000. | 30000. | DM |
| PERIPHERIEKOSTEN | 50000. | 60000. | 60000. | 60000. | DM |
| ZUS.KOST.B.D.ANSCHAFF. | 0. | 15000. | 15000. | 15000. | DM |
| WERT D.ERS.TEILE | 0. | 0. | 0. | 0. | DM |
| DURCHSCHN.LEISTUNGSAUFN. | .30 | 1.30 | 2.00 | .30 | KW |
| STUECKZEIT | 40.00 | 60.00 | 45.00 | 50.00 | SEK |
| UMRUESTZEIT | 500. | 600. | 600. | 700. | MIN |
| NUTZUNGSZEIT | 6.00 | 10.00 | 10.00 | 8.00 | JAHRE |
| ARBEITSRAUM | 10.00 | 18.00 | 30.00 | 20.00 | QM |
| ZUS.RAUM | 2.00 | 0.00 | 0.00 | 0.00 | QM |
| ZAHL DER BEDIENER | 1.00 | 0.00 | 0.00 | 0.00 | MANN |
| ZAHL DER MECHANIKER | .05 | .10 | .10 | .10 | MANN |

BERECHNETE KOSTEN/STUECK BEI
KONVENTIONELLER FERTIGUNG BZW.DURCH
INDUSTRIEROBOTER

| STUECK/JAHR | KONV | IR1 | IR2 | IR3 | |
|---|---|---|---|---|---|
| 10000. | 269.84 | 363.82 | 621.75 | 276.81 | PF/STCK |
| 20000. | 190.47 | 187.27 | 315.00 | 142.93 | PF/STCK |
| 30000. | 164.01 | 128.42 | 212.75 | 98.31 | PF/STCK |
| 40000. | 150.79 | 99.00 | 161.62 | 76.00 | PF/STCK |
| 50000. | 142.85 | 81.34 | 130.95 | 62.61 | PF/STCK |
| 60000. | 137.56 | 69.57 | 110.50 | 53.68 | PF/STCK |
| 70000. | 133.78 | 61.17 | 95.89 | 47.31 | PF/STCK |
| 80000. | 130.94 | 54.86 | 84.93 | 42.53 | PF/STCK |
| 90000. | 128.74 | 49.96 | 76.41 | 38.81 | PF/STCK |

Abb. 6.3 : Eingabedatensatz zur Berechnung der Stückkosten

Als Beispiel zur Ermittlung der Stückkosten über die Stückzahl im Rahmen einer Kostenvergleichsrechnung sind in Abb. 6.2 die Ergebnisse eines dazu erstellten Fortran-Programmes "RSWIR" dargestellt.

Mit diesem Programm können verschiedene flexible und starre Handhabungsgeräte untereinander oder mit einer konventionellen manuellen Fertigung verglichen werden. Hierfür werden die Stückkosten in Abhängigkeit von der Losgröße für jede Alternative berechnet und anschließend für eine Plotterausgabe aufbereitet.

In diesem Beispiel wird ein Schraubarbeitsplatz betrachtet.
Konv. = Werker mit Schraubeinheit incl. autom. Schraubenzuführung
IR1 = Gelenkroboter mit Schraubeinheit u. autom. Schraubenzuführung
IR2 = Portalroboter mit Schraubeinheit u. autom. Schraubenzuführung
IR3 = starrer Schraubautomat mit autom. Schraubenzuführung

Aus dem Diagramm läßt sich ablesen, daß ein starrer Schraubautomat (IR3) bei den gewählten Eingabedaten (Abb.6.3) bereits ab einer Stückzahl von ca. 11 000 Stück kostengünstiger arbeitet als die konventionelle Fertigung (Konv). Die beiden Roboter (IR1 u. IR2) sind ab Stückzahlen von 20 000 bzw. 44 000 Stück kostengünstiger. Die Schnittpunkte der Kurve der konventionellen Fertigung mit den Kurven der verschiedenen Automaten werden als kritische Stückzahlen bezeichnet.

Durch eine Variation von gewissen unsicheren Eingabedaten, wie z.B. der Stückzeit, kann man mit dem Rechner komfortabel Sensivitätsanalysen durchführen, die zeigen, wie sich die kritische Stückzahl bei Veränderungen von bestimmten Faktoren verschiebt. Dadurch ist der Risikograd einer Investition besser abzuschätzen. In diese Betrachtung sind allerdings nur monetär quantifizierbare Faktoren miteinbezogen worden.

Plant ein Investor z.B. eine Anschaffung eines Industrieroboters, so wird er nicht nur wirtschaftliche Maßstäbe für die Auswahl unter den "Handlungsalternativen" anlegen, sondern auch weitergehende, monetär nicht quantifizierbare Kriterien in seine Entscheidung miteinbeziehen. Denkbar wären dabei Faktoren wie Tragfähigkeit, Bedienkomfort, Entwicklungsreife oder Flexibilität.

Aus diesen Kriterien, dem "multidimensionalen Zielsystem", läßt sich trivial keine Aussage darüber treffen, welche Alternative insgesamt betrachtet die am meisten nutzbringende ist.
Hier greift die Nutzwertanalyse an, die es ermöglicht, diese einzelnen, unterschiedlichen Kriterien getrennt zu bewerten und anschließend alle Bewertungen zu einem Nutzwert zu verknüpfen. Dieser ergibt dann eine Aussage über die Vorteilhaftigkeit einer Handlungsalternative entsprechend den Präferenzen des Entscheidungsträgers.

## 6.3 Möglichkeiten zur integrierten Berücksichtigung von monetär schwer oder nicht quantifizierbaren Kriterien mit Hilfe der Nutzwertanalyse.

Die Nutzwertanalyse dient dazu, eine Anzahl von Handlungsalternativen anhand eines komplexen Zielsystems zu bewerten und in eine Rangfolge zu bringen. Für jede Handlungsalternative ( im Falle einer Investitionsplanung also eine Investitionsalternative) wird dabei ein dimensionsloser Nutzwert erhalten, der eine Aussage über den subjektiven Nutzen liefert, den diese Alternative dem Investor bringt. Die Güte und Aussagekraft des Ergebnisses hängt im entscheidenden Maß von der Vollständigkeit der einer Bewertung zu Grunde liegenden Kriterien und Daten ab. Bei einer Kostenanalyse sind die notwendigen Daten durch den mathematischen Algorithmus weitgehend festgelegt, während eine Nutzwertanalyse bei der Bestimmung der Kriterien aufgrund der Vielzahl von teilweise noch unbekannten oder schwer beurteilbaren Parametern auf Schwierigkeiten trifft. Kennzeichnend für die Nutzwertanalyse ist daher, daß in sie immer eine Anzahl von subjektiven Meinungen einfließen werden. Es ist daher sinnvoll die Nutzwertanalyse in einem Team durchzuführen, in dem die einzelnen Schritte diskutiert und damit die Manipulationsgefahren erheblich gesenkt werden /77/. Darüberhinaus ist es von Vorteil, die zu betrachtenden Alternativen erst dann festzulegen, wenn die Kriterienwahl, die Kriteriengewichtung und die Festlegung der Wertefunktionen bereits erfolgt ist. Damit werden Beeinflussungen in eine bestimmte Richtung auf ein minimales Maß reduziert.

Eine Nutzwertanalyse zur Erfassung von monetär schwer oder nicht quantifizierbaren Kriterien kann in Anlehnung an Zangemeister /73/ prinzipiell folgendermaßen ablaufen:

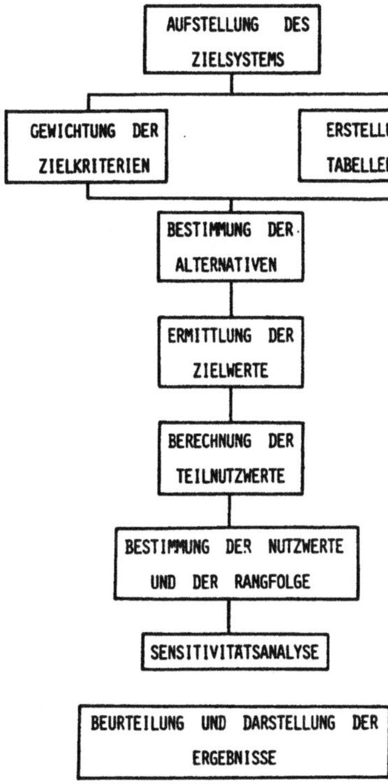


Abb. 6.4 : Ablaufschema einer Nutzwertanalyse

## 6.4 Gemeinsame Betrachtung von Wirtschaftlichkeitsrechnung und Nutzwertanalyse

Auf die Ergebnisse von Nutzwertanalyse und Wirtschaftlichkeitsrechnung muß der Investor seine Entscheidung gründen können. Vorteilhaft ist es daher, ihm eine Rangfolge der Alternativen vorzulegen, die als Entscheidungsgrundlage dienen kann.
Da im Regelfall die von der Investitionsrechnung her günstigste Alternative nicht gleich der am meisten nutzbringenden ist, gilt es, ein Verfahren zur Hand zu haben, daß die beiden Größen "Nutzwert" und "Kosten" bzw. "Rentabilität" gegenüberstellt und aus den Einzelergebnissen einen Wert bildet, der eine umfassende Aussage über die absolute Vorteilhaftigkeit der verschiedenen Investitionsalternativen liefert.

### 6.4.1 Kosten-Nutzwert-Analyse

Sind in der Investitionsrechnung für die Alternativen die jeweiligen Kosten errechnet worden, so erfolgt die gemeinsame Betrachtung mit dem Nutzwert in einer Kosten-Nutzwert-Analyse.
Die Auswahl des geeignetsten Investitionsvorhaben bei verschiedenen Lösungsalternativen erfolgt auf Grund einer vergleichenden Gegenüberstellung der Ergebnisse der Nutzwert- und Kostenanalyse. Dies wirft Probleme auf, da die Vorteile einmal in Form eines Nutzwertes und einmal in Form von Geldeinheiten vorliegen und damit nicht unmittelbar vergleichbar sind.

Zur Gegenüberstellung von Nutzwert und Kosten bzw. Erlösen und zur Ermittlung der optimalen Investitionsentscheidung werden in der Literatur folgende Möglichkeiten angegeben /74/:

* Bildung des Quotienten aus Nutzwert und Kosten bzw. Erlösen,
* Gegenüberstellung von Nutzwert und Kosten bzw. Erlösen in einem Diagramm,
* Bestimmung des kostenmäßigen Vorteils auf dem Markt,
* Transformation der Kosten/Erlöse in einen Nutzwert und
* Erstellung einer Rangplatz-Matrix.

In der Nutzwert-Kosten-Gegenüberstellung wird versucht, den Nutzwert in Relation zu den Kosten/Erlösen zu setzen oder selbst in eine monetäre Größe zu transformieren.

* Bestimmung des Nutzwert-Kosten-Quotienten

Eine einfache Vorgehensweise stellt die Bestimmung des Nutzwert-Kosten-Quotienten dar. Hierbei wird für jede Investitionsalternative der Quotient aus Nutzwert und Kosten gebildet.

* Nutzwert-Kosten-Diagramm

Eine Vorgehensweise, die dem Nutzwert-Kosten-Quotienten analog ist, bietet die graphische Darstellung im Nutzwert-Kosten-Diagramm (Abb. 6.5). Hierbei trägt man die Alternativen entsprechend ihrer Werte für Kosten und Nutzwert in das Diagramm ein. Je größer der Winkel zwischen der Abszisse und der Geraden vom Ursprung zum eingetragenen Investitionsvorhaben ist, desto vorteilhafter ist das zugehörige Investitionsprojekt.
Dieses Optimalitätskriterium läßt sich aus der Analogie zum Nutzwert-Kosten-Quotienten herleiten. Da der Nutzwert im Diagramm den Sinus, die Kosten den Cosinus des betrachteten Winkels darstellen, ist der Nutzwert-Kosten-Quotient gleich dem Tangens des Winkels.

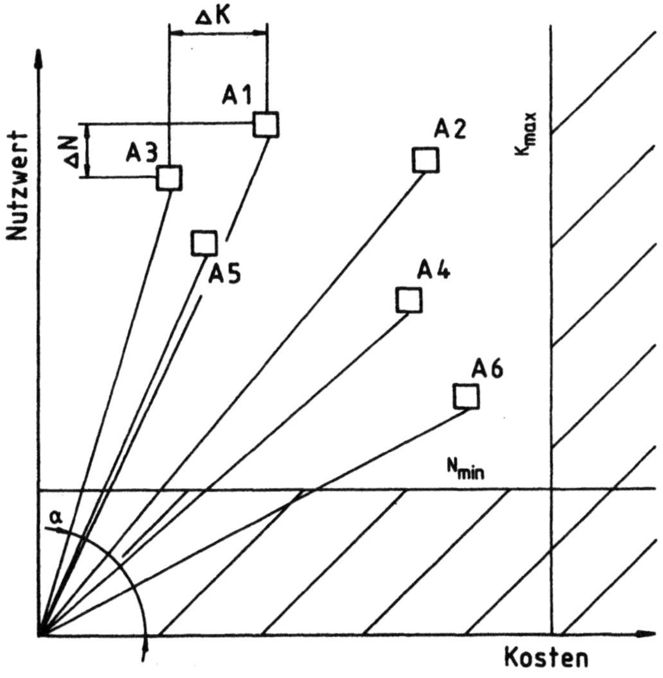


Abb. 6.5 : Beispiel zum Nutzen-Kosten-Diagramm

Darüberhinaus bietet das Diagramm noch weitere Vorteile: zum einen sind die Absolutgrößen von Nutzwert und Kosten sofort ersichtlich, zum anderen läßt sich leicht ablesen, mit welchen Kosten eine Steigerung des Nutzwerts zu bezahlen wäre (Abb. 6.5).

* Bestimmung des kostenmäßigen Vorteils auf dem Markt

Bei dieser Vorgehensweise wird für eine nicht zu geringe Anzahl von Alternativen Kosten und Nutzwert bestimmt. Man kann dann in etwa eine Aussage darüber treffen, welche Kosten für einen bestimten Nutzwert auf dem Markt durchschnittlich zu zahlen sind. Dieser Zusammenhang wird über eine Ausgleichskurve hergestellt. Trägt man Ausgleichskurve und alle Alternativen in ein Kosten-Nutzwert-Diagramm ein, ist es möglich,eine Aussage darüber zu treffen, wie günstig die Werte einer Alternative im Vergleich zu der durchschnittlichen, aus den Marktdaten ermittelten Beziehung zwischen Kosten und Nutzwert sind. Nachteilig ist hierbei der relativ hohe rechnerische Aufwand zur Ermittlung der Ausgleichsgeraden /74/.

* Transformation der Kosten in einen Nutzwert

Eine relativ naheliegende Möglichkeit, Kosten und Nutzwert gemeinsam zu betrachten, ist es, die Kosten in die Nutzwertanalyse miteinzubeziehen. Eine mögliche Wertefunktion zeigt Abb. 6.6. Dabei existiert für die Kosten eine obere Grenze $K_{max}$, oberhalb derer die Kosten für keine Alternative liegen dürfen. Ebenso gibt es ein Kostenminimum (ungleich Null), das der Investor als grundsätzlich akzeptabel ansieht.

Durch diese Vorgehensweise läßt sich, nach entsprechender Gewichtung der Kosten innerhalb der Nutzwertanalyse, ein Gesamtnutzwert angeben, der auch die Kosten miteinbezieht.
Ein schwerwiegender Nachteil dieses Verfahrens ist, daß die Transparenz, die bei zwei getrennt vorgenommenen Analysen noch gewährleistet ist, verloren geht, da das Ergebnis der einen Betrachtung (nämlich der Kostenanalyse) direkt in das Ergebnis der anderen Betrachtungsweise einfließt, also das Resultat der Nutzwertanalyse nicht mehr unabhängig vom Ergebnis der Wirtschaftlichkeitsrechnung gesehen werden kann.

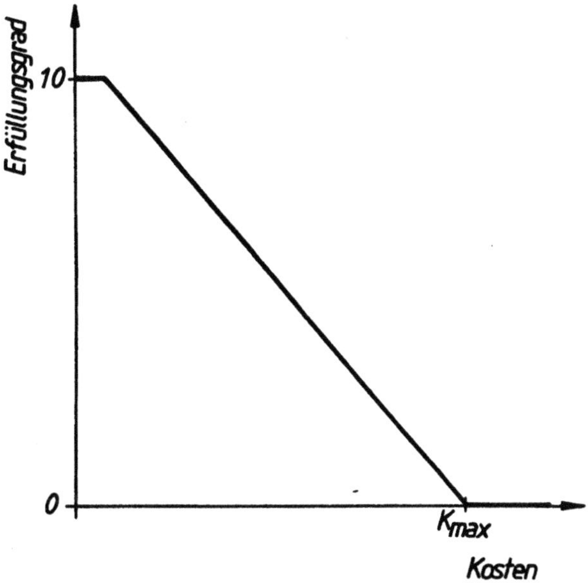


Abb. 6.6 : Mögliche Wertefunktion für Kosten

* Erstellung einer Rangplatz-Matrix

Schimke /75/ gibt ein Ablaufschema für die technisch-wirtschaftliche Bewertung alternativer Handhabungssysteme im Rahmen der Nutzwert-Kosten-Analyse an. Zur besseren Übersichtlichkeit wird die Nutzwertanalyse getrennt für die technischen und für die firmenspezifischen Bewertungskriterien durchgeführt. Die wirtschaftlichen Kriterien werden in der Kostenanalyse berücksichtigt.

Aus den technischen, wirtschaftlichen und firmenspezifischen Bewertungskriterien ergeben sich jeweils Rangfolgen, die bei der Nutzwertanalyse auf Grund der erreichten Punktzahlen und bei der Kostenanalyse auf Grund der berechneten Kosten oder Renditen festgelegt werden. Eine Möglichkeit, die für den speziellen Anwendungsfall optimale Alternative zu finden, besteht darin, die Rangplätze aller Alternativen in einer Matrix zusammenzufassen und das Projekt mit der größten Häufigkeit hoher Rangplätze auszuwählen.

### 6.4.2 Rentabilität-Nutzwert-Analyse

#### 6.4.2.1 Rentabilitätsrechnung

Da bei einer Kostenvergleichsrechnung keine Aussagen über den zu erwartenden Gewinn bzw. zu erwartende Kostensenkungen gemacht werden können, wird in der Praxis häufig eine Gewinnvergleichsrechnung durchgeführt. Daran kann zusätzlich noch eine Rentabilitätsrechnung angefügt werden. Hierbei wird der Gewinn auf einen durchschnittlichen Kapitaleinsatz bezogen.
Formelmäßig drückt sich dies für eine Ersatzinvestition folgendermaßen aus:

$$\text{Rentabilität (\%)} = \frac{\text{⌀-liche Kostenersparnis}}{\text{⌀-licher Kapitaleinsatz}} * 100\% \,, \qquad (6.1)$$

wobei sich die durchschnittliche Kostenersparnis einer Ersatzinvestition aus der Differenz der Kosten der alten und der neuen Anlage ergibt.

#### 6.4.2.2 Gemeinsame Betrachtung von Rentabilität und Nutzwert

Analog zur Fragestellung in Abschnitt 6.4.1 , in der aus mehreren Alternativen, für die Kosten und Nutzwert bestimmt worden waren, die optimale herausgefunden werden sollte, stellt sich auch hier das Problem, die beiden Größen Rentabilität und Nutzwert so zusammenzufassen, daß sich eine Aussage treffen läßt, die sowohl die monetär erfaßbaren als auch die monetär nicht erfaßbaren Größen beinhaltet. In der Literatur sind hierfür kaum Verfahren zu finden /76/.

Umwandlung von Nutzwerten in Kosten durch Berücksichtigung von Sekundäreffekten

Um die Nachteile der Nutzwertanalyse - mangelnde Vollständigkeit der Daten und Kriterien, subjektive Gewichtung der Zielkriterien, subjektive Bewertung der Teilnutzen, Probleme bei der Bestimmung des Transformationsbeiwertes bzw. der Gewichtung des Ergebnisses der Nutzwertanalyse zum Ergebnis der Investitionsrechnung und keine monetäre Entscheidungsgrundlage - zu vermeiden, kann man versuchen, möglichst viele zunächst nicht quantifizierbare Faktoren wie Flexibilität, Qualität, Imagegewinn, Humanisierung der Arbeitsplätze indirekt durch ihre Sekundäreffekte in Geldeinheiten zu bewerten. Somit können diese Faktoren über die Kostenanalyse dem Entscheidungsprozeß zugeführt werden (Abb. 6.7).

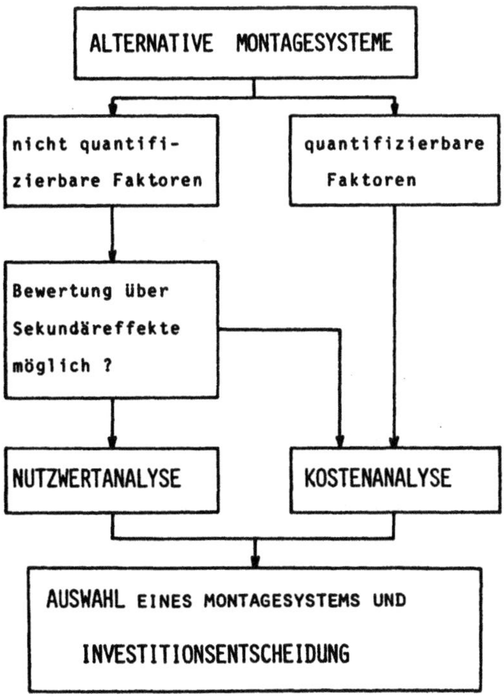


Abb. 6.7 : Modifizierte Nutzwert-Kosten-Analyse

Ansatzpunkte für eine monetäre Quantifizierung der Flexibilität (s. Kap. 5) beispielsweise ergeben sich aus der Auslastung und den Losgrößen, den Durchlauf- und Rüstzeiten, dem Umlaufvermögen und dem Liquidationserlös.
Das durch eine Automatisierung erzielbare höhere und gleichmäßigere Qualitätsniveau kann durch eine Erfassung der Kosten für Nacharbeit, Kulanzleistungen, Garantieleistungen, Regreßansprüchen, Ausschuß, Fehlerverhütungs- und Kontrollmaßnahmen indirekt monetär quantifiziert werden.
Weitere Möglichkeiten zeigt Grob in seiner Arbeit über erweiterte Wirtschaftlichkeits- und Nutzenrechnung /77/. Da jedoch eine monetäre Bewertung über Sekundäreffekte in vielen Fällen Schwierigkeiten bereitet, ist diese Vorgehensweise nur bedingt zu empfehlen.

Miteinbeziehung der Rentabilität in die Nutzwertanalyse

Diese Methode wird von Lukas in /76/ vorgeschlagen. Dabei wird die Rentabilität in den Zielkatalog der Nutzwertanalyse aufgenommen, entsprechend gewichtet und anhand einer zu erstellenden Wertetabelle oder Wertefunktion bewertet.
Die Einzelergebnisse der Analysen von monetär quantifizierbaren und nicht quantifizierbaren Faktoren sind zwar implizit im Gesamtergebnis der Nutzwertanalyse enthalten, explizit aber nicht vorhanden. Die Überschaubarkeit für den Investor wird damit erheblich verschlechtert. Zudem ist zu berücksichtigen, daß für viele Betriebe eine Investitionsentscheidung auf der Grundlage nur einer Größe, des Nutzwerts, schwierig zu treffen ist.

Darstellung im Rentabilität-Nutzwert-Diagramm

Als wohl geeignetste Vorgehensweise ist die Auftragung von Rentabilität und Nutzwert in einem Diagramm anzusehen. Ein Beispiel zeigt Abb. 6.8:

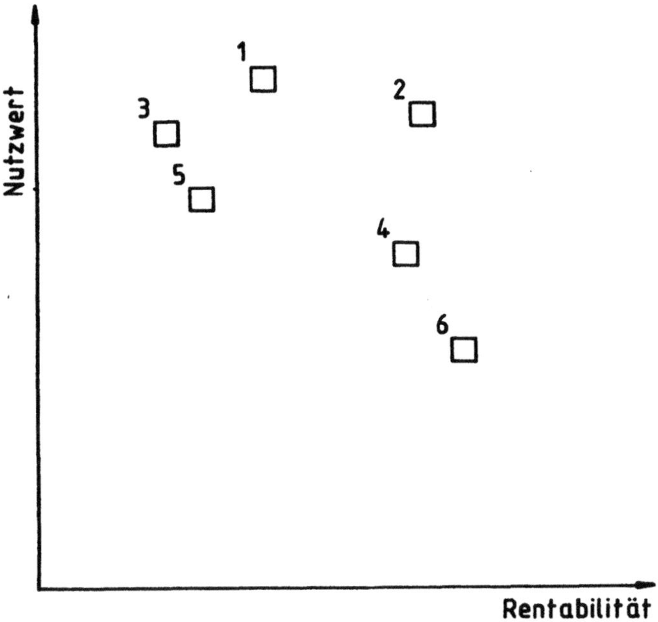


Abb. 6.8 : Beispiel für ein Rentabilität-Nutzwert-Diagramm

Aus den beiden Werten für Rentabilität und Nutzwert ist eine Synthese zu bilden. Für den Fall, daß eine Alternative die höchste Rentabilität und den höchsten Nutzwert besitzt, ist die Entscheidung eindeutig. In der Regel wird dieser Fall aber nicht eintreten. Dann gilt es ein Verfahren bereitzustellen, das aufgrund einiger Angaben des Investors eine Rangfolge unter den Alternativen erstellt und somit eine optimale Entscheidung erst ermöglicht.

Ein derartiges Verfahren wurde im Rahmen dieser Arbeit entwickelt. Die Vorgehensweise, die beim Kosten-Nutzwert-Diagramm vorgestellt wurde, ist hier nicht analog übertragbar. Der grundlegende Unterschied zwischen der gemeinsamen Betrachtung von Kosten und Nutzwert bzw. Rentabilität und Nutzwert besteht darin, daß Kosten eine Größe darstellen, für die vom Investor Minimalität (innerhalb gewisser Grenzen) verlangt wird. Für die Größe Rentabilität wird dagegen eine Maximalität gefordert. Diesem Gegensatz ist bei der Vorgehensweise Rechnung zu tragen.

Grundgedanke

Das Ziel bei der gemeinsamen Betrachtung von Rentabilität und Nutzwert in einem Diagramm ist es, aus den die Alternativen repräsentierenden Punkten, die optimale Alternative herauszufinden.
Die zur Lösung führenden Überlegungen gehen davon aus, daß es bestimmte Rentabilität-Nutzwert-Konstellationen gibt, die der Investor als gleichwertig betrachtet. Wenn man jede Handlungsalternative $a_i$ einer Menge (fiktiver) gleichbewerteter Handlungsalternativen $A_i$ zuordnet, und jeder solchen Menge aufgrund eines gewissen Kriteriums einen Wert $w_i(A_i)$ zuweisen kann, so ist diejenige Alternative ($a_{opt}$) als optimal anzusehen, die derjenigen Alternativenmenge ($A_{opt}$) zugeordnet wurde, deren Wert maximal ist.

Erstellen der Kurven gleicher Bewertung

Der erste Schritt in der Vorgehensweise besteht darin, die Menge der Handlungsalternativen festzulegen, die der Investor als gleichwertig beurteilt. Die Fragestellung lautet hierbei:

Gegeben ist eine Alternative $a_1$ mit der Rentabilität $R_1$ und dem Nutzwert $N_1$. Gegeben ist ferner eine Alternative $a_2$, deren Rentabilität $R_2$ sich um $\Delta R_{12}$ von $R_1$ unterscheidet ($\Delta R_{12} \lessgtr 0$). Um welchen Betrag $\Delta N_{12}$ ($\Delta N_{12} \lessgtr 0$) muß sich dann der Nutzwert $N_2$ von $N_1$ unterscheiden, damit die Alternativen $a_1$ und $a_2$ insgesamt als gleichwertig beurteilt werden?

Das bedeutet, daß ein Absinken $\Delta R_{12}$ ($\Delta R_{12} < 0$) der Rentabilität durch einen gleichzeitigen Anstieg $\Delta N_{12}$ ($\Delta N_{12} > 0$) ausgeglichen werden kann. Bei der gemeinsamen Betrachtung werden dann bei entsprechenden Werten $\Delta R_{12}$ und $\Delta N_{12}$ die beiden Alternativen $a_1$ und $a_2$ als gleichwertig angesehen.

Beispiel:

Gegeben sei die Alternative $a_1$ mit einer Rentabilität von 45% und einem Nutzwert von 350 Nutzwertpunkten (NWP). Ist der Investor der Ansicht, daß er ein Absinken der Rentabilität um 5% in Kauf nimmt, wenn der Nutzwert gleichzeitig um 30 NWP ansteigt, so ergibt sich folgende Zusammenstellung von Alternativen, die insgesamt als gleichwertig betrachtet werden:

| Alternative | Rentabilität <%> | Nutzwert <NWP> |
|---|---|---|
| $a_1$ | 45 | 350 |
| $a_2$ | 40 | 380 |
| $a_3$ | 35 | 410 |
| $a_4$ | 30 | 440 |
| $a_5$ | 25 | 470 |

Analog dazu ist der umgekehrte Fall zu betrachten, nämlich daß der Nutzwert um 30 NWP sinkt. Eine derartige Alternative würde der Investor dann noch als gleichwertig betrachten, wenn die Rentabilität gleichzeitig um 5% steigt. Daraus ergibt sich die folgende Tabelle:

| Alternative | Rentabilität <%> | Nutzwert <NWP> |
|---|---|---|
| $a_1$ | 45 | 350 |
| $a_6$ | 50 | 320 |
| $a_7$ | 55 | 290 |
| $a_8$ | 60 | 260 |
| $a_9$ | 65 | 230 |

Berücksichtigt man noch, daß der Investor Mindestwerte für Rentabilität (z.B. 35 %) und Nutzwert (z.B. 260 NWP) fordert, erhält man insgesamt für die Tabelle der gleich bewerteten Alternativen:

| Alternative | Rentabilität <%> | Nutzwert <NWP> |
|---|---|---|
| $a_8$ | 60 | 260 |
| $a_7$ | 55 | 290 |
| $a_6$ | 50 | 320 |
| $a_1$ | 45 | 350 |
| $a_2$ | 40 | 380 |
| $a_3$ | 35 | 410 |

In dem Rentabilitäts-Nutzwert-Diagramm stellt sich die Verbindungslinie der gleich bewerteten Alternativen als Gerade mit negativer Steigung dar, d.h. die Kurven gleicher Bewertung sind Geraden (s. Abb. 6.9).

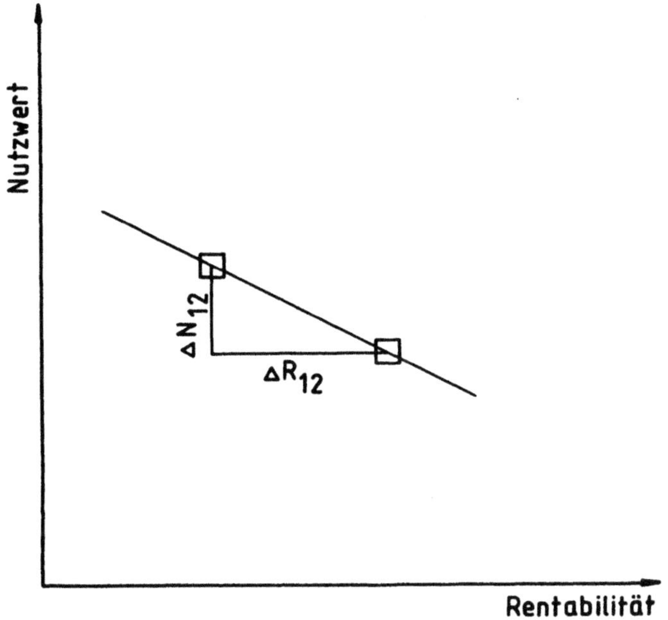


Abb. 6.9 : Gerade gleich bewerteter Alternativen

Zu den oben gemachten Annahmen gehörte, daß die zu einer Änderung $\Delta R_{12}$ gehörende Änderung $\Delta N_{12}$ für jeden Wert der Rentabilität konstant sei, d.h.

$$\frac{\Delta N_{12}}{\Delta R_{12}} = \text{const.}$$

Eine andere Möglichkeit ist der Fall, daß allgemein gilt:

$$\frac{\Delta N_{12}}{\Delta R_{12}} = f(R)$$

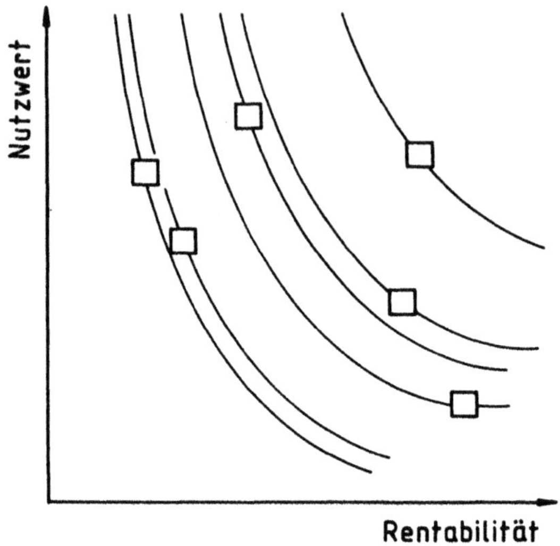


Abb. 6.10 : Hyperbel als Kurve gleicher Bewertung

Als Beispiel für Kurven gleicher Bewertung ist in Abb. 6.10 eine Schar von Hyperbeln dargestellt. Damit ist die für eine insgesamt gleiche Bewertung von zwei Alternativen zulässige Änderung $\Delta N_{12}$ (bei einer gegebenen Veränderung $\Delta R_{12}$) abhängig vom absoluten Wert der Rentabilität. In den Bereichen geringer Rentabilität bzw. niedrigen Nutzwertes sind dabei überlineare Anstiege von Nutzwert bzw. Rentabilität notwendig, um eine Gleichbewertung aufrecht zu erhalten.

Die Möglichkeit nichtlinearer Kurven gleicher Bewertung sollte hier nur kurz andiskutiert werden. Weitergehende Untersuchungen werden im Rahmen dieser Arbeit nicht durchgeführt. Die im folgenden angestellten Überlegungen gehen daher von Geraden als Kurven gleicher Bewertung aus.

Zuweisung eines Wertes an jede Kurve gleicher Bewertung und Ermittlung der optimalen Alternative

Wenn man durch alle Punkte im Rentabilitäts-Nutzwert-Diagramm, die Alternativen repräsentieren, die Kurven gleicher Bewertung legt, erhält man eine Schar paralleler Geraden (Abb.6.11).

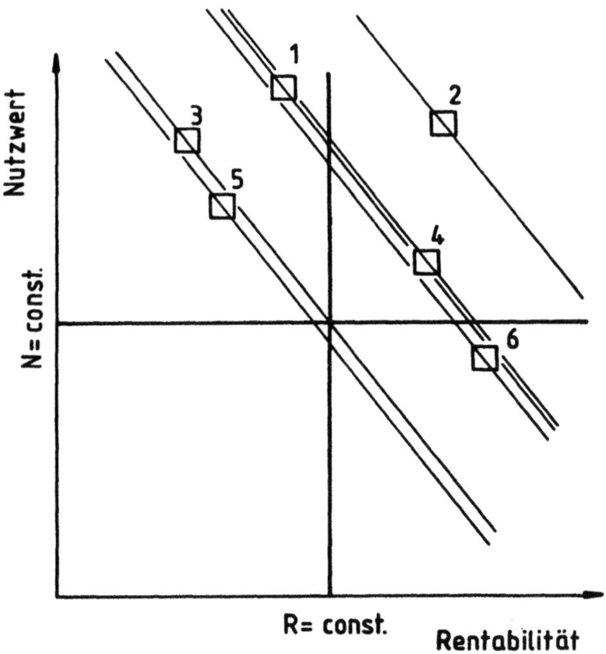


Abb. 6.11 : Geradenschar im Rentabilitäts-Nutzwert-Diagramm

Nun ist ein Kriterium zu finden, das es erlaubt, diejenige Gerade herauszufinden, die für den Investor eine optimale Entscheidung gewährleistet. Als Vorüberlegung legt man bei einem beliebigen Nutzwert und einer beliebigen

Rentabilität eine zur Nutzwert- bzw. Rentabilitätsachse parallele Gerade in das Diagramm (Abb. 6.11). Betrachtet man die waagerechte Gerade mit N = const., so ersieht man aus dem Diagramm, daß bei diesem Nutzwert und den gewählten Geraden gleicher Bewertung diejenige Kurve und damit die zugehörige Alternative (hier $a_1$) gleichzeitig die höchste Rentabilität erbringt, deren Schnittpunkt mit der Waagerechten am weitesten rechts liegt. Analog dazu ergibt sich für die Senkrechte R = const., daß die optimale Alternative auf derjenigen Geraden liegt, deren Schnittpunkt mit der Senkrechten am weitesten oben liegt. Bei beiden Betrachtungsweisen erhält man dieselbe optimale Alternative.

Um die Analogie zur analytischen Betrachtung besser herstellen zu können, sei das Kriterium zur Bestimmung der optimalen Alternative allgemein so formuliert:

> Bei einem definierten Verhältnis von $\Delta N$ zu $\Delta R$ (graphisch dargestellt durch die Steigungen der Geraden gleicher Bewertung) als Grundlage für die Kurven gleicher Bewertung, liegt die optimale Alternative auf derjenigen Geraden, die vom Ursprung den maximalen Abstand besitzt.

Unter Abstand wird hierbei, im geometrischen Sinn, der senkrechte Abstand verstanden.

Der Einfluß der Geradensteigung sei an Abb. 6.12 erläutert.

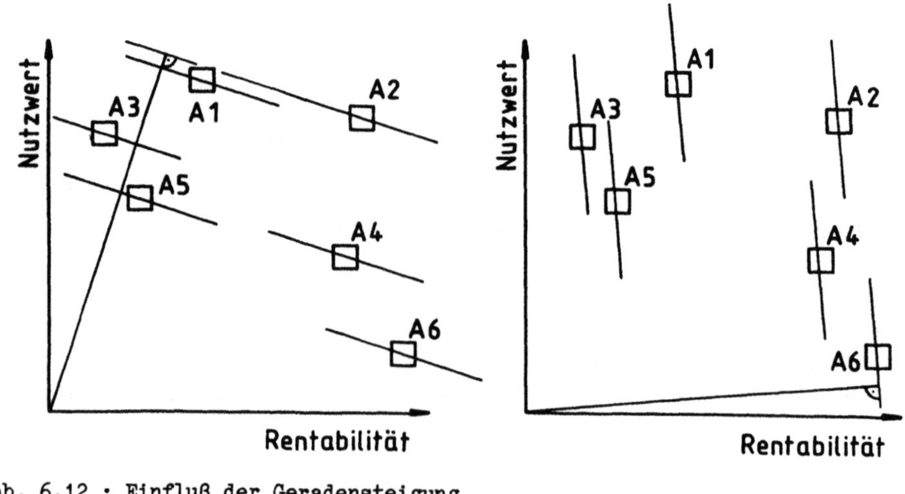


Abb. 6.12 : Einfluß der Geradensteigung

In Abb.6.12a ist die negative Steigung der Geraden relativ flach.Eine Nutzwerterhöhung $\Delta N$ würde der Investor einem Absinken der Rentabilität um $\Delta R$ gleichsetzen. Wenn sich sowohl für den Nutzwert, als auch für die Rentabilität im Achsenschnittpunkt der Nullpunkt befindet, bedeutet eine geringe Steigung der Geraden gleicher Bewertung eine hohe Einschätzung des Nutzwertes von Seiten des Investors.
Umgekehrt drückt sich eine starke Betonung der Rentabilität gegenüber dem Nutzwert in Geraden mit hoher Steigung aus (Abb. 6.12b).
Aus den beiden Beispielen läßt sich ersehen, daß sich die Rangfolge unter den Alternativen aufgrund von verschiedenen Geradensteigungen verändert. Ist in Abb. 6.12a. die Alternative $a_3$ die optimale (im wesentlichen aufgrund ihres hohen Nutzwertes), so ergibt sich in Abb.6.12b ein anderes Bild.
Die Alternative $a_4$, die eine hohe Rentabilität besitzt, wird hier als die optimale ermittelt. Die beiden Alternativen $a_1$ und $a_2$, die in Abb. 6.12a. noch beinahe gleichwertig waren, werden in Abb.6.12b doch deutlich getrennt, da $a_2$ eine höhere Rentabilität besitzt.

## Zusätzliche Gewichtung von Rentabilität und Nutzwert

Um nun in einer Sensitivitätsanalyse eine durch die Bestimmung der Steigung der Geraden gleich bewerteter Alternativen bereits vorgenommene indirekte Gewichtung von Rentabilität und Nutzwert nochmals in einem beliebigen Verhältnis zueinander variieren zu können, wird folgende Vorgehensweise vorgeschlagen.

Ausgangspunkt des Verfahrens ist die Festlegung der Kurven gleicher Bewertung durch die Angabe der Geradensteigung, wie sie im vorigen Abschnitt durchgeführt wurde. Die Werte für $\Delta N$ und $\Delta R$ werden dabei für eine Gewichtung von 1:1 von Rentabilität und Nutzwert definiert. Ist dem Investor aber z.B. die Rentabilität doppelt so wichtig wie der Nutzwert (entspricht also einer Gewichtung von 2:1), so bedeutet das mit den Werten von N und R, die bei einer 1:1-Gewichtung erstellt wurden, daß eine Alternative $a_2$ einer Alternative $a_1$ als gleichwertig zugeordnet wird, wenn sich die Rentabilität um $\Delta R$ ($\gtrless 0$), der Nutzwert aber um 2* N ($\gtrless 0$) verändert. Trägt man dies in das Rentabilitäts-Nutzwert-Diagramm ein, so ergibt sich ein Kippen der Geraden gegenüber der Geraden der 1:1-Gewichtung. Eine stärkere Gewichtung der Rentabilität bewirkt dabei stets eine größere Geradensteigung, eine stärkere Gewichtung des Nutzwertes entsprechend eine geringere Geradensteigung.

Allgemein erhält man die Steigung der gewichteten Geraden bei einer Gewichtung von Rentabilität und Nutzwert in einem Verhältnis i:j aus der Beziehung

$$m_{gew} = \frac{i^* \Delta N}{j^* \Delta R} \qquad (6.2)$$

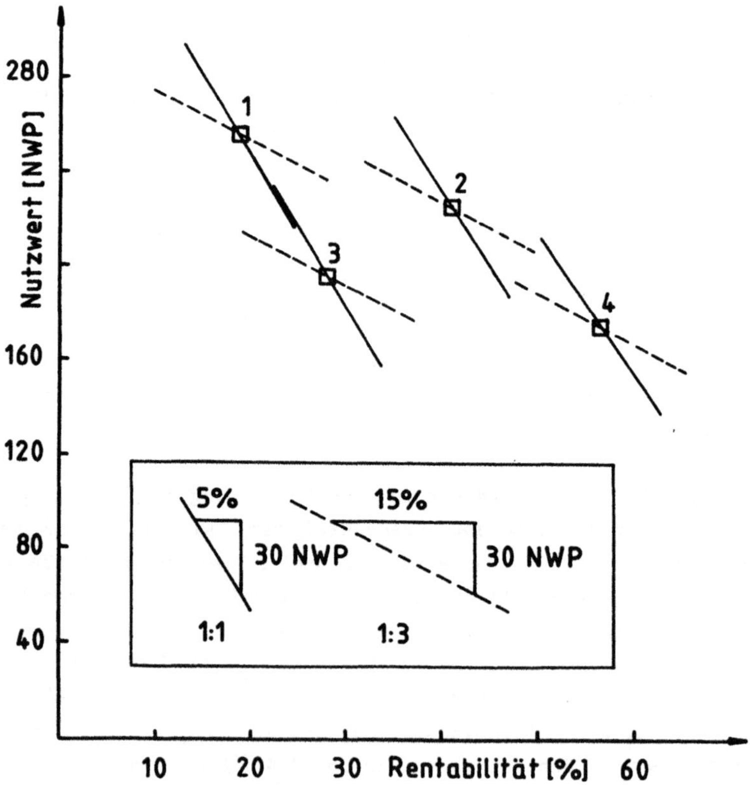


Abb. 6.13 : Verschiedene Gewichtungen von Rentabilität und Nutzwert

wenn mit $m_{gew}$ die Steigung der gewichteten Geraden bezeichnet wird. Die Verhältnisse bei verschiedenen Gewichtungen sind aus Abb. 6.13 zu ersehen. Dabei ist zu erkennen, daß sich die Rangfolgen der Alternativen mit verschiedenen Gewichtungen verändern.

<u>Analytische Bestimmung der optimalen Alternative analog zur Vorgehensweise im Rentabilitäts-Nutzwert-Diagramm</u>

Zur analytischen Bestimmung wird die Ermittlung der optimalen Alternative im Rentabilität-Nutzwert-Diagramm betrachtet. Das Kriterium war hierbei der senkrechte Abstand der zu jeder Alternative gehörenden Geraden gleicher Bewertung vom Ursprung. Dieses Merkmal kann für die analytische Berechnung übernommen werden.

Dafür wird, um die Analogien zu den Verhältnissen im Rentabilität-Nutzwert-Diagramm klar darzulegen, auf ein Rechenverfahren aus der Analytischen Geometrie zurückgegriffen: die Hess'sche Normalform der Geraden im zweidimensionalen Raum (Abb. 6.14).

Mit ihr ist eine Möglichkeit gegeben, die Gleichung einer Geraden aufzustellen. Geht man aus von der bekannten Parameterform der Geraden

$$\underline{x} = \underline{x}_1 + \lambda \underline{v} \qquad (6.3)$$

mit $x_1$ als dem Ortsvektor des Aufpunkts P, v als dem Richtungsvektor der Geraden und als dem Parameter, der alle Werte von - bis + durchläuft, erhält man durch skalare Multiplikation mit dem Normalenvektor n der Geraden

$$\underline{x}\,\underline{n} = \underline{x}_1\,\underline{n} + \lambda\,\underline{v}\,\underline{n} \qquad (6.4)$$

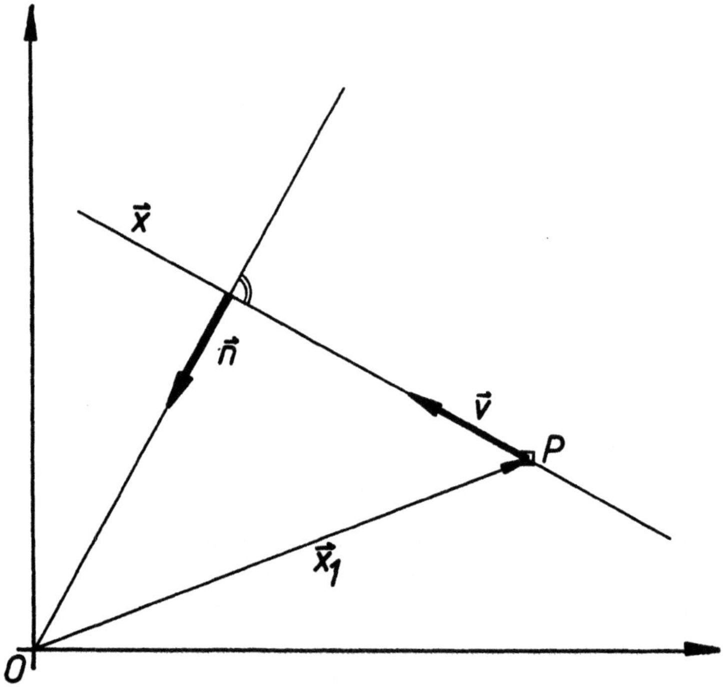


Abb. 6.14 : Zur Hess'schen Normalform der Geraden

Berücksichtigt man, daß $\underline{v}$ und $\underline{n}$ senkrecht aufeinander stehen, so ergibt sich mit

$$\underline{v}\,\underline{n} = 0 \qquad (6.5)$$

aus (6.4) die Beziehung

$$\underline{x}\,\underline{n} = \underline{x}_1\,\underline{n} \qquad (6.6).$$

Verwendet man anstelle des Normalenvektors n den normierten Normalenvektor $\underline{n}_0$ mit der Länge 1, der sich berechnet aus

$$\underline{n}_o = \frac{n}{|n|} \qquad (6.7)$$

erhält man die gesuchte Hesse'sche Normalenform der Geraden

$$\underline{x}\,\underline{n}_o = \underline{x}_1\,\underline{n}_o \qquad (6.8),$$

die nur im zweidimensionalen Raum existiert.
Der Term $\underline{x}_1 * \underline{n}_o$ entspricht dabei gerade dem senkrechten Abstand der Geraden vom Ursprung, also genau der Größe, die zur Bestimmung der optimalen Alternative gesucht wird.
Daraus läßt sich einfach die Vorgehensweise zur analytischen Berechnung der optimalen Alternative herleiten:

Im ersten Schritt ist der Vektor $\underline{x}_1$ festzulegen, der sich ergibt aus

$$x_1 = \begin{matrix} \frac{RENT}{\Delta R} \\ \frac{NW}{\Delta N} \end{matrix} \qquad (6.9),$$

wenn mit RENT bzw. NW die Werte für Rentabilität und Nutzwert bezeichnet werden. Die Werte von $\Delta R$ und $\Delta N$ entsprechen genau der Festlegung der Geradensteigung $\Delta R / \Delta N$. Durch die Division von RENT durch $\Delta R$ bzw. von NW durch $\Delta N$ erfolgt eine Normierung der Werte Rentabilität und Nutzwert auf dimensionslose Größen, was zur weiteren Rechnung notwendig ist.
Die Komponenten des zweiten benötigten Vektors, des Normalenvektors $\underline{n}$, entsprechen den Gewichtungsfaktoren von Rentabilität ( = $GF_{Rent}$ ) und Nutzwert ( = $GF_{NW}$ ), also

$$\underline{n} = \begin{matrix} GF_{RENT} \\ GF_{NW} \end{matrix} \qquad (6.10)$$

Eine Normierung des Normalenvektors $\underline{n}$ auf den Einheitsvektor $\underline{n}_o$ ist nicht erforderlich, da dies im Ergebnis nur eine Multiplikation mit einem für alle Alternativen gleichen Skalar bedeutet.
Die optimale Alternative ist dann diejenige, deren zugehöriges Skalarprodukt

$$\underline{x}_1 \cdot \underline{n} = \frac{RENT}{\Delta R} GF_{Rent} + \frac{NW}{\Delta N} GF_{NW} \qquad (6.11)$$

maximal ist.

## 6.5. Rechnerunterstützte Investitionsplanung mit dem Programmpaket CRWIR

### 6.5.1 Einleitung

Auf die Vorteile, die eine rechnerunterstützte Investitionsplanung mit sich bringt, wurde bereits in Kap. 6.2 hingewiesen. Aufbauend auf das Programm RSWIR (Kap.6.2) wurde ein Programmpaket erstellt, das die wichtigsten Schritte der Investitionsplanung unterstützt, wobei auch monetär schwer oder nicht quantifizierbare Kriterien berücksichtigt werden können.
Dabei sind im einzelnen folgende Vorgehensweisen möglich (s. Abb. 6.15):

CRWIR
- Stückkostenvergleichsrechnung
- Rentabilitätsrechnung
- Nutzwertanalyse
- Synthese aus Rentabilitätsrechnung und Nutzwertanalyse.

Abb. 6.15 : Mögliche Vorgehensweisen mit dem Programmpaket CRWIR

Bei der gegebenen Aufgabenstellung sollten verschiedene Industrieroboter mit der konventionellen Fertigung verglichen werden. Auf dieses Problem sind die Programme, die sich mit der Wirtschaftlichkeitsrechnung befassen, zugeschnitten. Das Programm zur Erstellung und Berechnung der Nutzwertanalyse ist sehr allgemein gehalten und kann, im Rahmen gewisser Grenzen (z.B. fünf Alternativen, drei Unterteilungsebenen bei den Kriterien), für Nutzwertanalysen beliebiger Art eingesetzt werden. Bei allen Programmen wurde durch interaktive Bedienung eine bedienerfreundliche Benutzung ermöglicht.

### 6.5.2 Ein- und Ausgaben im Programmpaket CRWIR

Die Möglichkeiten, die mit dem gesamten Programmpaket gegeben sind, werden anschließend noch genauer spezifiziert. In Abb. 6.16 ist der gesamte Komplex der Ein- und Ausgaben dargestellt.

| EINGABE | | AUSGABE |
| --- | --- | --- |
| Alle für die Wirtschaftlichkeitsberechnung benötigten Daten (über den Bildschirm) | | Alle Daten werden auf einer Datei abgespeichert |
| Daten, z.B. Anschaffungspreis über Datei; Schichtzahl | —— KOSTENRECHNUNG ——→ | Tabelle Stückzahl-Stückkosten bzw. Daten für graphische Aufbereitung |
| Daten, z.B. Anschaffungspreis über Datei; Schichtzahl; Bezugsalternative | — RENTABILITÄTSRECHNUNG —→ | Tabelle Stückzahl-Rentabilität bzw. Daten für graphische Aufbereitung |
| Kriterien; Gewichtungsmatritzen; Bewertungen; | —— NUTZWERTANALYSE ——→ | Tabelle mit Kriterien, Gewichtungsfaktoren, Einzelergebnissen und Gesamtnutzwert; evtl. auch auf Datei (Abfrage) |
| Rentabilitäts-Tabelle; Nutzwert-Tabelle; Normierungswerte; Gewichtungsfaktoren | —— SYNTHESE ——→ | Blockdiagramm bzw. Daten für graphische Aufbereitung |

Abb. 6.16 : Ein- und Ausgaben im Programmpaket CRWIR

Zusätzlich können in dem Programm CRDAT, das von dem Programmpaket CRWIR abgekoppelt ist, alle benötigten Eingabedaten, wie z.B. Anschaffungspreis, Stückzeit, Umrüstzeit usw., eingelesen und auf einer Datei abgespeichert werden. Bei Verwendung eines neuen Datensatzes sind also hier Änderungen durchzuführen. Für die ersten beiden Aufgaben, die mit dem Programmpaket CRWIR durchgeführt werden können, nämlich der Kostenvergleichsrechnung und der Rentabilitätsrechnung, werden die dafür benötigten Eingabedaten von der Datei, die in dem Programm CRDAT erstellt wurde, eingelesen. Am Bildschirm wird noch die Schichtzahl abgefragt, bei der Rentabilitätsrechnung zusätzlich die Alternative, auf die die Rentabilität bezogen werden soll. Ausgabe sind jeweils Tabellen, bei denen für die betrachteten Alternativen über der Stückzahl Kosten bzw. Rentabilität aufgetragen sind. Wahlweise erhält man auch anstelle der Tabellen entsprechende Daten auf Dateien geschrieben, mit denen anschließend eine graphische Darstellung der Ergebnisse erfolgen kann.

Für die Nutzwertanalyse werden als Eingabe über den Bildschirm vom Benutzer Kriterien, Gewichtungsmatrizen und Bewertungen abgefragt. Dabei wird der Benutzer interaktiv durch die gesamte Nutzwertanalyse geführt. Als Ergebnis erhält man eine Tabelle, in der für alle Alternativen die Bewertungen zu den Kriterien, die samt ihren Gewichtungsfaktoren ebenfalls angegeben sind, sowie die gesamten Nutzwerte aufgelistet sind (s. Abb. 6.20). Auf Abfrage können sowohl diese Liste als auch der zugrunde liegende Kriteriensatz auf eine Datei zur Ausgabe auf den Drucker geschrieben werden. Zusätzlich werden, falls von der Nutzwertanalyse bereits eine Rentabilitätsrechnung durchgeführt wurde, alle für die synthetische Betrachtung von Rentabilität und Nutzwert benötigten Daten auf eine eigene Datei geschrieben. Dies hat den Vorteil, daß diese Daten für die Synthese bei einem späteren Programmlauf auch von einer Datei eingelesen werden können, so daß Nutzwertanalyse und Rentabilitätsrechnung nicht noch einmal durchgeführt werden müssen.

Damit ist bereits die Synthese von Rentabilität und Nutzwert angesprochen. Die für die Synthese von Nutzwert und Rentabilität benötigten Eingabedaten werden, wie eben beschrieben, von einer Datei eingelesen oder aus unmittelbar vorher durchgeführten Rentabilitätsrechnungen und Nutzwertanalysen übernommen. Zusätzlich müssen noch die Normierungswerte (für die Geraden gleicher Bewertung) und die Gewichtungsfaktoren für Rentabilität und Nutzwert eingegeben werden. Man erhält als Ergebnis wahlweise ein Blockdiagramm oder, auf einer Datei, die entsprechenden Daten für eine weitere graphische Verarbeitung.

### 6.5.3 Programm zur Rentabilitätsrechnung

Im Programm RENTA lassen sich für eine Ersatzinvestition die Rentabilitäten von bis zu vier Alternativen berechnen. Als zusätzlicher Parameter ist hier die Losgröße eingeführt. Die Rentabilität bei einer Ersatzinvestition berechnet sich nach der Beziehung (6.1). Der durchschnittliche Kapitaleinsatz berechnet sich hierbei gemäß

ø-licher Kapitaleinsatz = 0.5 * Anschaffungspreis.

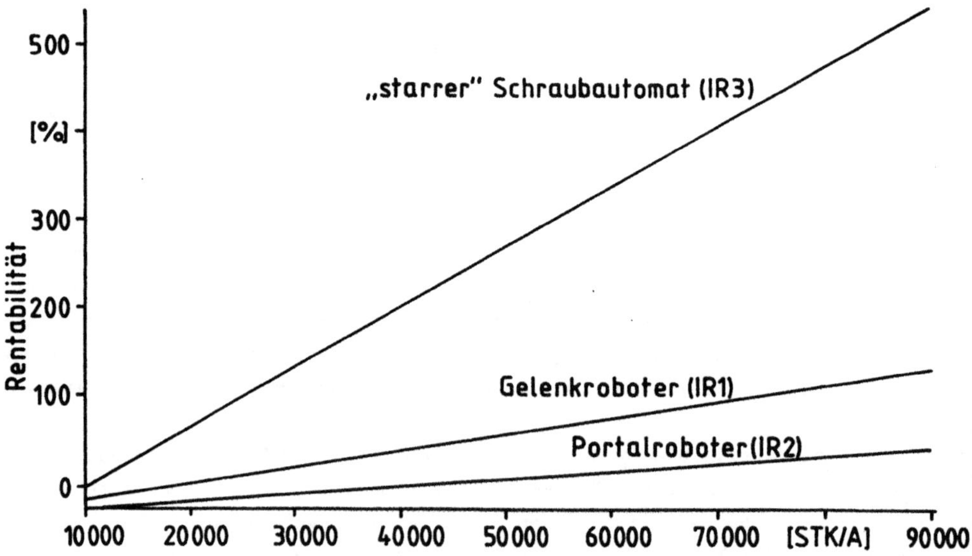


Abb. 6.17 : Rentabilitätsbetrachtung verschiedener Schraubsysteme bezogen auf eine konventionelle Verschraubung (Werker mit Schraubeinheit inklusive automatischer Zuführung)

Die durchschnittliche Kostenersparnis ergibt sich aus der Differenz der Kosten der bestehenden und der betrachteten Anlagen. Deshalb wird im Programm RENTA abgefragt, auf welche Alternative sich die Rentabilität beziehen soll.

Die Ausgabe des Ergebnisses erfolgt wahlweise in Form einer Tabelle auf dem Bildschirm oder auf eine Datei zur späteren Verwendung am Grafiksystem. Ein Beispiel für die graphische Veranschaulichung wird in Abb. 6.17 gezeigt.

### 6.5.4 Programm zur Nutzwertanalyse

In dem Programm CRNWA nebst zugehörigen Unterprogrammen kann die Nutzwertanalyse durchgeführt werden. Dabei werden alle nicht-kreativen Schritte vom Rechner übernommen; der Benutzer kann sich also vollständig auf die kreativen Aufgaben konzentrieren.

#### Erstellung des Kriteriensatzes

Zuerst muß für die Nutzwertanalyse ein Kriteriensatz erstellt werden, anhand dessen die Alternativen bewertet werden sollen. Dieser Kriteriensatz ist hierarchisch gegliedert (Abb. 6.18).

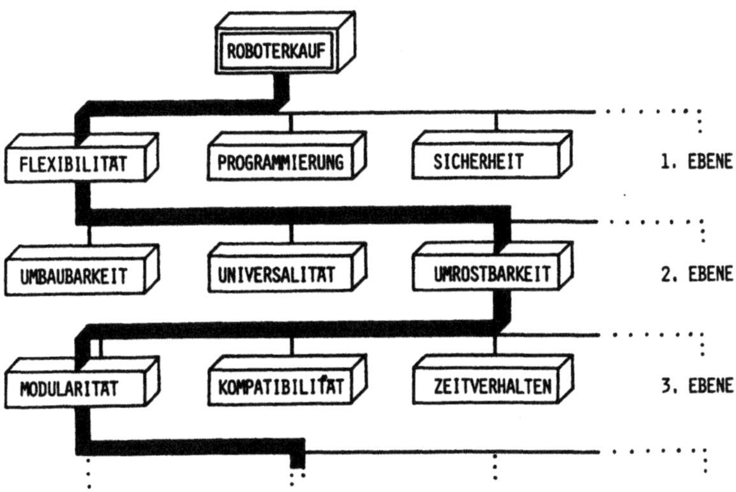


Abb. 6.18 : Hierarchischer Aufbau des Zielsystems

Im Programm CRNWA ist jedem Kriterium eine Kennzahl zugeordnet, wobei den Zielen der ersten Ebene die Zahlen 100, 200, 300, usw. zugeordnet sind, die jeweils zugehörigen Teilziele der zweiten Ebene mit 110, 120, 130, 210, 220, usw. bezeichnet werden, und analog dazu die Kriterien der dritten Ebene mit den Kennzahlen 111, 112, 113, 121, 122 usw. charakterisiert sind. In dem Programm wird bei der Eingabe von Kriterien gleichzeitig die zugehörige Kennzahl abgefragt. Die Kennzahlen sind notwendig, um Veränderungen am Kriteriensatz, wie z.B. Einfügen und Löschen von Kriterien, relativ einfach zu ermöglichen, sowie um überhaupt Zusammengehörigkeiten von verschiedenen Zielen und Kriterien unterschiedlicher Ebenen auszudrücken. Die Abspeicherung der Kriterien des Zielsystems, das in drei Ebenen aufgebaut ist, erfolgt in einem dreidimensionalen Feld.

Grundsätzlich bestehen drei Möglichkeiten, den Kriteriensatz zu erstellen:

* Eingabe völlig neuer Kriterien mit Kennzahl

* Ein bereits vorhandener Standardkriteriensatz kann den eigenen Vorstellungen durch Löschen und Hinzufügen angepaßt werden.

* In einem durch einen früheren Programmlauf erstellten Kriteriensatz können neue Kriterien hinzugefügt bzw. alte gelöscht werden.

Als Ergebnis erhält man einen hierarchischen Kriteriensatz, wie ihn Abb. 6.19 ausschnittsweise zeigt.

```
300              ARBEITSPHYSIOLOGISCHE KRITERI
    310              UNFALLSICHERHEIT
    320              STAUB-,LAERM-,HITZEBELASTUNG
    330              KOERPERLICHE BELASTUNG
        331              ARBEITSTEMPO
        332              ARBEITSUMFANG
        333              BEDIENBARKEIT VON GERAETEN
    340              PHYSISCHE BELASTUNG,MONOTONIE
    350              IDENTIFIKATION MIT DER ARBEIT

400              INFRASTRUKTUR-KRITERIEN
    410              ENERGIEVERSORGUNG
    420              BETRIEBSLANDSCHAFT

500              TECHNISCHE KRITERIEN
    510              TECHNISCHE FLEXIBILITAET
    520              KAPAZITAETSRESERVEN
    530              ARBEITSVORBEREITUNG
    540              STOERUNGSANFAELLIGKEIT
    550              QUALITAET DER PRODUKTE
    560              AUSWIRKUNG AUF MATERIALFLUSS
```

Abb. 6.19 : Ausschnitt aus einem Kriteriensatz

Erstellung der Gewichtungsmatrizen

Zur Bestimmung der Gewichtungsfaktoren der einzelnen Kriterien muß für jede Kriteriengruppe die zugehörige Gewichtungsmatrix besetzt werden. Dazu gibt der Rechner sukzessive für jede Kriteriengruppe die unbesetzte Gewichtungsmatrix mit dem Hinweis aus, daß der Benutzer die obere Diagonalmatrix in einer angegebenen Reihenfolge besetzen soll. Wird dies vom Benutzer durchgeführt, erhält man anschließend die besetzte Gewichtungsmatrix, wie sie in einem Beispiel in Abb. 6.20 gezeigt ist.

| | | 1 | 2 | 3 | 4 | 5 | 6 |
|---|---|---|---|---|---|---|---|
| 1 | TECHNISCHE FLEXIBILITAET | * | 3 | 4 | 2 | 3 | 1 |
| 2 | KAPAZITAETSRESERVEN | 1 | * | 2 | 4 | 0 | 2 |
| 3 | ARBEITSVORBEREITUNG | 0 | 2 | * | 4 | 3 | 1 |
| 4 | STOERUNGSANFAELLIGKEIT | 2 | 0 | 0 | * | 2 | 0 |
| 5 | QUALITAET DER PRODUKTE | 1 | 4 | 1 | 2 | * | 3 |
| 6 | AUSWIRKUNG AUF MATERIALFLUSS | 3 | 2 | 3 | 4 | 1 | * |

Abb. 6.20 : Besetzte Gewichtungsmatrix

Die Gewichtungsfaktoren werden vom Rechner anschließend durch Aufsummieren der einzelnen Gewichtungsfaktoren pro Kriterium bestimmt. Mit einer entsprechenden Normierung wird erreicht, daß die Summe aller Gewichtungen 100% beträgt.

Eingabe der Bewertungen

Im nächsten Schritt sind die Bewertungspunkte einzugeben, die jede Alternative für jedes Kriterium erhält. Dazu werden maximal 15 Kriterien auf einmal auf dem Monitor ausgegeben, und der Benutzer wird vom Rechner aufgefordert, in der Reihenfolge der Alternativen und der Kriterien die Bewertungen einzugeben. Sind auf diese Weise alle Bewertungen erstellt, werden vom Rechner die Nutzwerte berechnet, und man erhält eine Ausgabe auf die Datei CRNWERG gemäß Abb. 6.21.

```
++++++++++++++++++++++++++++++++++++
+++ ERGEBNIS DER NUTZWERTANALYSE +++
++++++++++++++++++++++++++++++++++++

1.AL  :   KONV
2.AL  :   IR1
3.AL  :   IR2
4.AL  :   IR3
```

| | GF | | 1.AL | | 2.AL | | 3.AL | | 4. |
|---|---|---|---|---|---|---|---|---|---|
| FLEXIBILITAET BEZ KUNDENWUENS | 4.17 | 4 | 16.67 | 3 | 12.50 | 5 | 20.83 | 6 | 25. |
| RISIKO BEI ABSATZKRISE | 4.17 | 5 | 20.83 | 5 | 20.83 | 4 | 16.67 | 7 | 29. |
| CHANCEN BEI ABSATZBOOM | 1.67 | 6 | 10.00 | 6 | 10.00 | 7 | 11.67 | 9 | 15. |
| VERFUEGBARKEIT VON ARBEITSKRA | 8.75 | 3 | 26.25 | 7 | 61.25 | 6 | 52.50 | 8 | 70. |
| KUNDENDIENST FUER GERAETE | 2.92 | 4 | 11.67 | 6 | 17.50 | 8 | 23.33 | 5 | 14. |
| UNFALLSICHERHEIT | 4.17 | 9 | 37.50 | 8 | 33.33 | 9 | 37.50 | 7 | 29. |
| STAUB-,LAERM-,HITZEBELASTUNG | 4.17 | 2 | 8.33 | 9 | 37.50 | 6 | 25.00 | 4 | 16. |
| ARBEITSTEMPO | .63 | 7 | 4.38 | 7 | 4.38 | 9 | 5.63 | 4 | 2. |
| ARBEITSUMFANG | 1.88 | 5 | 9.38 | 5 | 9.38 | 7 | 13.13 | 7 | 13. |
| BEDIENBARKEIT VON GERAETEN | 1.25 | 6 | 7.50 | 4 | 5.00 | 6 | 7.50 | 8 | 10. |
| PHYSISCHE BELASTUNG,MONOTONIE | 2.50 | 4 | 10.00 | 6 | 15.00 | 4 | 10.00 | 6 | 15. |
| IDENTIFIKATION MIT DER ARBEIT | 2.08 | 2 | 4.17 | 7 | 14.58 | 3 | 6.25 | 7 | 14. |
| ENERGIEVERSORGUNG | 12.50 | 4 | 50.00 | 5 | 62.50 | 5 | 62.50 | 3 | 37. |
| BETRIEBSLANDSCHAFT | 4.17 | 8 | 33.33 | 8 | 33.33 | 8 | 33.33 | 8 | 33. |
| TECHNISCHE FLEXIBILITAET | 2.78 | 4 | 11.11 | 9 | 25.00 | 7 | 19.44 | 9 | 25. |
| KAPAZITAETSRESERVEN | 1.94 | 4 | 7.78 | 4 | 7.78 | 7 | 13.61 | 4 | 7. |
| ARBEITSVORBEREITUNG | 2.22 | 5 | 11.11 | 6 | 13.33 | 6 | 13.33 | 7 | 15. |
| STOERUNGSANFAELLIGKEIT | 3.06 | 8 | 24.44 | 4 | 12.22 | 5 | 15.28 | 6 | 18. |
| QUALITAET DER PRODUKTE | 4.17 | 3 | 12.50 | 7 | 29.17 | 4 | 16.67 | 9 | 37. |
| AUSWIRKUNG AUF MATERIALFLUSS | 2.50 | 2 | 5.00 | 6 | 15.00 | 8 | 20.00 | 8 | 20. |
| UMWELTBELAESTIGUNG | 14.17 | 4 | 56.67 | 4 | 56.67 | 5 | 70.83 | 5 | 70. |
| IMAGEWIRKUNG | 4.72 | 6 | 28.33 | 8 | 37.78 | 9 | 42.50 | 8 | 37. |
| AUSWIRKUNG AUF ARBEITSMARKT | 9.44 | 9 | 85.00 | 3 | 28.33 | 4 | 37.78 | 2 | 18. |
| | | | 491.94 | | 562.36 | | 575.28 | | 577 |

Abb. 6.21 : Endergebnis der Nutzwertanalyse

### 6.5.5 Programm zur Synthese aus Rentabilität und Nutzwert

In dem Programm NWRESY werden die Ergebnisse von Rentabilitätsrechnung und und Nutzwertanalyse einander gegenübergestellt.
Die dabei verwendete Vorgehensweise entspricht genau den Ausführungen nach Kap. 6.4. Es werden also die entsprechenden Werte von Rentabilität (bei einer anzugebenden Stückzahl) und Nutzwert sowie die Normierungswerte, die zur Erstellung der Geraden gleicher Bewertung führen, eingelesen. Anschließend werden die beiden Gewichtungsfaktoren für Rentabilität und Nutzwert abgefragt, um damit die entsprechenden Rechnungen durchführen zu können.

Als Ergebnis erhält man wahlweise ein Blockdiagramm auf dem Bildschirm, das wie folgt aussehen kann,

```
IR1     ****************           16,4
IR2     *************              12,8
IR3     ***********************    22,7
```

Abb. 6.22 : Ergebnis der Nutzwertanalyse im Blockdiagramm dargestellt

oder eine Datenausgabe auf die Datei CRGRSY, mit der eine weitere Bearbeitung am Grafiksystem möglich ist. Als Ergebnis erhält man daraus ein Rentabilitäts-Nutzwert-Diagramm nach Abb. 6.23, in das auch die Geraden gleicher Bewertung eingezeichnet sind. Bei verschiedenen Gewichtungsfaktoren für Rentabilität und Nutzwert ergeben sich dabei dann eventuell auch unterschiedliche Rangfolgen unter den Alternativen (vgl. Abb. 6.23 und 6.24).

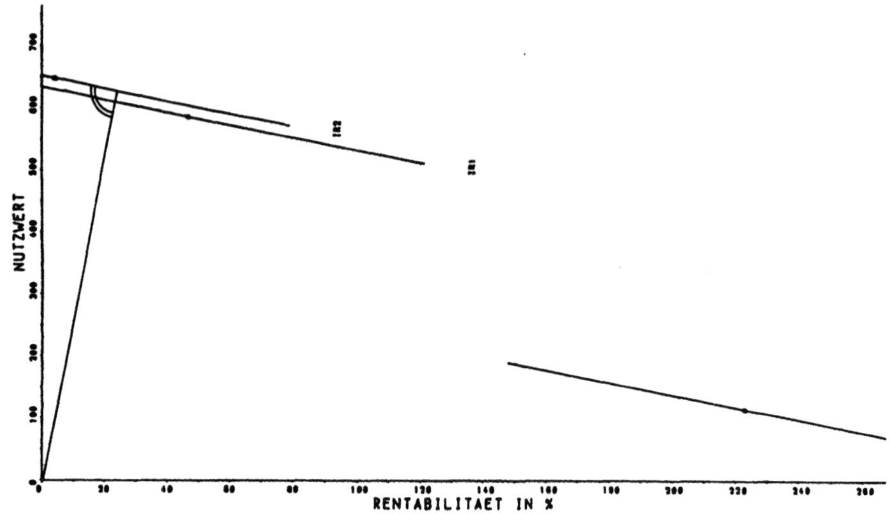


GEMEINSAME BETRACHTUNG VON RENTABILITAET UND NUTZWERT

GEWICHTUNGSFAKTOR FUER RENTABILITAET: 1    GEWICHTUNGSFAKTOR FUER NUTZWERT: 3

Abb. 6.23 : Rentabilität-Nutzwert-Diagramm

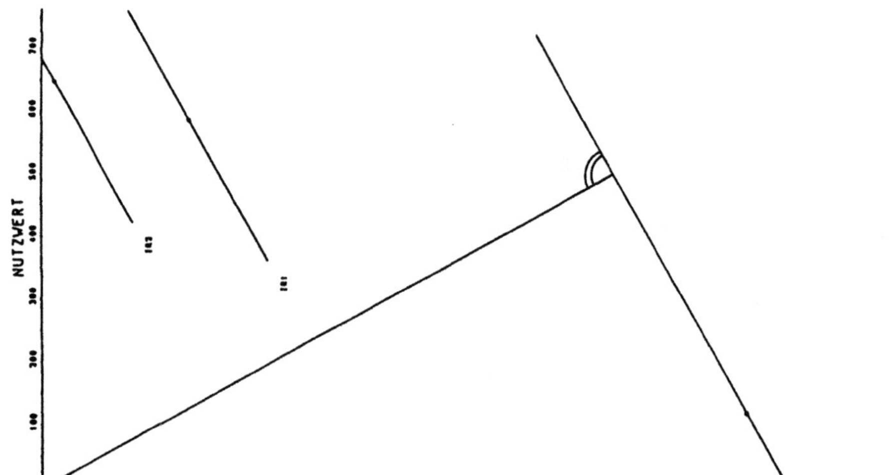


GEMEINSAME BETRACHTUNG VON RENTABILITAET UND NUTZWERT

GEWICHTUNGSFAKTOR FUER RENTABILITAET: 3    GEWICHTUNGSFAKTOR FUER NUTZWERT: 1

Abb. 6.24 : Rentabilität-Nutzwert-Diagramm

## 6.6 Zusammenfassende Bewertung der vorgestellten Verfahren

Zur gemeinsamen Betrachtung von Nutzwertanalyse und Wirtschaftlichkeitsrechnung sind einige Verfahren vorgestellt worden.
Sowohl in der Kosten-Nutzwert-Analyse als auch in der Rentabilitäts-Nutzwert-Analyse erscheint eine Darstellungsweise in einem Diagramm am geeignetsten. Der größte Vorteil gegenüber anderen Verfahren liegt hierbei darin, daß neben der syntetischen Größe aus Kosten bzw. Rentabilität und Nutzwert (dem mit der Kostenachse eingeschlossene Winkel bzw. dem Abstand der entsprechenden Geraden vom Ursprung) auch die Einzelergebnisse von Nutzwertanalyse und Wirtschaftlichkeitsrechnung sofort zu ersehen sind. Dies erlaubt eine genauere Abschätzung der Alternativen untereinander. Zudem ist das Bildungsgesetz der synthetischen Größe unmittelbar einsichtig.
Bei den analytischen Verfahren sind der Kosten-Nutzwert-Quotient bzw. die beschriebene Vorgehensweise über das Skalarprodukt $x_{1i*}$ n , jeweils in Verbindung mit den absoluten Größen von Kosten/Rentabilität und Nutzwert, als die günstigsten Methoden anzusehen. Sie liefern eine zu den Diagrammen analoge Aussage und sind relativ einfach zu handhaben.
Dennoch kann und will keine Vorgehensweise dem Investor seine unternehmerische Entscheidung abnehmen. Ziel kann es nur sein, eine ungefähre Rangfolge (gemäß den Vorgaben des Investors) zu erstellen, auf deren Grundlage eine Entscheidung gefällt werden kann. Die Ergebnisse der Analysen als einzige richtige und mögliche Ausgangsbasis für eine Investition anzusehen, ist sicherlich nicht angebracht, da allen Berechnungen, Analysen und Synthesen einige Annahmen zugrunde liegen, die nicht unbedingt zutreffend sein müssen.
Eine entscheidende Rolle wird sicherlich immer das "unternehmerische Fingerspitzengefühl" spielen. Da aber die hier vorgestellten Verfahren auf plausiblen Annahmen beruhen, ist eine Ausrichtung an den dabei erzielten Ergebnissen für eine Investitionsentscheidung sicherlich sinnvoll.

## 7. Zusammenfassung

Industrieroboter für Montageaufgaben werden schon seit einigen Jahren als Rationalisierungsmittel der Zukunft angekündigt. Bei Betrachtung der Einsatzzahlen (Abb.1.1) wird jedoch schnell deutlich, daß die Steigerungsraten zwar beachtlich sind, der große Durchbruch aber bisher noch nicht eingetreten ist. Die Gründe hierfür sind mannigfaltiger Art.
Hauptursache ist sicherlich, daß ein mit einem Industrieroboter automatisierter Arbeitsplatz ein komplexes System mit vielen Teilkomponenten darstellt.

Eine flexible Automatisierung der Produktionstechnik, vor allem speziell in der Montage, kann also nur als ganzheitliche Aufgabe angesehen werden /1/. Angefangen bei der Analyse des Fügeprozesses und der konstruktiven Gestaltung der Werkstücke über die Konzeption und Konstruktion der notwendigen Effektoren, Fügehilfsmittel und Peripherie bis hin zur Wirtschaftlichkeitsbetrachtung spannt sich der Bogen der Aufgaben.

In dieser vorliegenden Arbeit werden am Beispiel eines flexibel automatisierten Schraubarbeitsplatzes bestehende Einsatzhemmnisse erörtert und neue Lösungsansätze aufgezeigt.

Eine Voraussetzung für die wirtschaftliche Automatisierung ist meistens die automatengerechte Gestaltung der Schraubverbindungen. Daher wurden Beispiele und Richtlinien für eine montage- und automatengerechte Konstruktion von Schraubverbindungen erstellt. Mit dieser Sammlung wird dem Konstrukteur eine Optimierungshilfe zur Hand gegeben und Anregungen in der immateriellen Gestaltungsphase vermittelt, die verallgemeinert auch für andere Verbindungsarten Gültigkeit haben. In diese Betrachtung wurden auch notwendige Veränderungen im organisatorischen Bereich und die Verwendung von rechnerunterstützten Konstruktionshilfsmitteln miteinbezogen.

Da ein Hauptproblem in einer flexibel automatisierten Schraubstation die exakte Positionierung der Schraubpartner zueinander ist, wurden - unter Berücksichtigung der momentanen Wirtschaftlichkeit - für das Verschrauben geeignete Teilsysteme zum passiven Toleranzausgleich entwickelt. Dazu war eine ausführliche theoretische Betrachtung des Fügeprozesses Schrauben notwendig.

In Anlehnung an diese Ergebnisse wurde zu deren praxisnahen Überprüfung ein Pilotarbeitsplatz aufgebaut. Die Versuchsreihen zeigten eine eindeutige Verbesserung des Schraubverhaltens bei Verwendung einer komplienten Aufhängung, wobei 3 mm Exzentrizität und $4^{\circ}$ Winkellagefehler bei entsprechender Fasenbreite an Schraube (M6*25 DIN 912-8.8) und Bohrung eine Grenze für eine fehlerfreie Verschraubung darstellen.

Der größte Vorteil eines Industrieroboters liegt in seiner Flexibilität. Da aber ein Gesamtsystem nur so stark ist wie sein schwächstes Glied, wurden sämtliche am automatisierten Schraubprozeß beteiligten Komponenten hinsichtlich ihrer Flexibilität analysiert und Möglichkeiten zu deren Erweiterungen aufgezeigt. Einige Vorschläge wurden exemplarisch in einem Pilotarbeitsplatz aufgebaut.

Zur wirtschaftlichen Beurteilung von derartigen flexibel automatisierten Montagesystemen reichen konventionelle Wirtschaftlichkeitsrechnungen nicht aus, da eine Vielzahl von monetär schwer oder nicht quantifizierbaren Entscheidungskriterien - wie Flexibilität, Qualität oder Humanisierung - maßgebend sind. Zur Erfassung dieser Kriterien wurde ein auf der Nutzwertanalyse basierendes Verfahren zur Investitionsplanung erstellt. Mit dem entwickelten Programmpaket CRWIR kann sowohl eine konventionelle Wirtschaftlichkeitsbetrachtung über Stückkostenvergleichsrechnung und Rentabilitätsrechnung als auch eine Synthese dieser Betrachtungen mit der für flexible Systeme modifizierten Nutzwertanalyse durchgeführt werden.

/1/ Milberg, J. — Entwicklungsstufen flexibel automatisierter Produktionssysteme.
Tagungsband: IWB-Kolloquium "Automatische Produktionssysteme"
München 1985

/2/ Milberg, J. — Montagegerechte Konstruktion einer PKW-Tür und ihre Montage.
Tagungsband: 5. Deutscher Montagekongreß
München 1983

/3/ Warnecke, H.J.
Schlaich, G — Perspektiven und Grenzen der Montageautomatisierung.
Tagungsband: IWB-Kolloquium "Automatische Produktionssysteme"
München 1985

/4/ Weule, H. — Schrauben in der automatisierten Montage.
VDI-Bericht Nr.479
VDI-Verlag, Düsseldorf 1983

/5/ Schupp, G. — Schraubvorgänge - Anforderungen an die Schraubverbindung, die ein Roboter ausführen soll.
Robocon 1984, S.38/39.

/6/ Maier, Ch. — Flexible Automatisierung der PKW-Türenmontage
Vortrag , HGF-Assistententreffen am IWB,
München 30.09.1983

/7/ Lünzmann, F. — Montagetechnik in Halle 54, Workshop - Produktion im Wandel.
Presseabteilung der VW AG, Wolfsburg 1984

/8/ Maier, Ch.
Barschkis, P. — Nippons Roboter - Markt, Technik, Nutzung -.
Roboter 4, mi-Verlag, Landsberg 1984

/9/ Ehrlenspiel, K. Integration von Konstruktion und Arbeitsvorbereitung durch CAD.
Tagungsband: IWB-Kolloquium "Automatische Produktionssysteme"
München 1985

/10/ Schweizer, M. Montage der Zukunft.
Tagungsband: Robotek'85
München 1985

/11/ Milberg, J. Roboter in der Montage - eine ganzheitliche Automatisierungsaufgabe.
Tagungsband: Robotek'84
München 1984

/12/ Dilling, H.J. Methodisches Rationalisieren von Fertigungsprozessen am Beispiel montagegerechter Produktgestaltung.
Diss. TH Darmstadt 1978

/13/ Pahl, G.
Beitz, W. Konstruktionslehre Handbuch für Studium und Praxis. Springer-Verlag, Berlin 1977

/14/ Gairola, A. Montagegerechtes Konstruieren. Ein Beitrag zur Konstruktionssystematik. Diss. Universität Darmstadt 1981

/15/ Schraft, R.D. Assembly-oriented design-condition for successful automation. Assembly Automation and 14th IPA conference, Böblingen 1982

/16/ Witte, K.W. Montagegerecht gestaltete Produkte - Voraussetzung für eine rationelle Montage.
ZwF 79 (1984) 7, S.316 - 321

/17/ Andresen, U. — Ein Beitrag zum methodischen Konstruieren bei der montagegerechten Gestaltung von Teilen der Großserienfertigung, Diss. Technische Universität Braunschweig 1975

/18/ N.N. — Produktion Nr.5, S.20, MI-Verlag Landsberg 1984

/19/ Frank, H.-E. — Handhabungseinrichtungen. Krausskopf-Verlag Mainz 1975

/20/ Illgner, K.H.; Blume, D. — Schrauben-Vademecum. Bauer und Schaurte, Neuß/ Rhein 1976

/21/ VDI 2230 — Systematische Berechnung hochbeanspruchter Schraubenverbindungen (1977), S.52, Tafel 17

/22/ N.N. — Anwendung: Schrauben-Menue, CAD-System Medusa, Computer Vision, 1984

/23/ N.N. — Firmenschrift der Fa. Weber, Wolfratshausen, 1985

/24/ Ehrlenspiel, K. — Wahl der kostengünstigsten Verbindung. VDI Bericht Nr. 493 VDI Verlag, Düsseldorf 1983

/25/ Drake, S.H. — Using Compliance in Lieu of Sensory Feedback for Automatic Assembly. Ph.D.Thesis, MIT (USA) Department of Mechanical Engineering, 1977

/26/ Whitney, D. — Force Feedback Control of Manipulator Fine Motions Transactions of the ASME, Ser. G. Journal of Dynamic Systems, Measurement and Control. (1977) S. 91 - 97

/27/ Goto, T. et. al. Precise Insert Operation by Tactile Controlled Robot. 2nd Conference on Industrial Robot Technology, University of Birmingham, March 27th - 29th 1974, Kempston: International Fluidics Services, 1974

/28/ Schweizer, M. Taktile Sensoren für programmierbare Handhabungsgeräte. Universität Stuttgart, Dr.-Ing. Diss., 1978

/29/ Abele, E. Gußputzen mit sensorgeführten, programmierbaren Handhabungsgeräten, Universität Stuttgart, Dr.-Ing. Diss., 1983

/30/ Simunovic, S.N. Force Information in Assembly Processes. Proceedings of the 5th International Symposium on Industrial Robots, Chicago, USA, S.415/431, 1975

/31/ Nevins, J. Whitney, D.E. u.a. Exploratory Research in Industrial Modular Assembly. Charles Stark Draper Labratory Report R-1111, MIT (USA), 1976

/32/ Simunovic, S.N. An Information Approach to Parts Mating. Ph.D. Thesis, MIT (USA), 1977

/33/ Nevins, J.L. Whitney, D.E. Computer-Controlled Assembly. Scientific American Vol. 238, No. 2, 1978

/34/ Nevins, J.L. Assembly Research. The Industrial Robot, Vol. 7, No. 1, S. 27/43, 1980

/35/ Warnecke, H.J. Schraft, R.D. Industrieroboter, Kraußkopf-Verlag, Mainz 1979

/36/ Warnecke, H.J. Sensorische Aufgaben in der Fertigung. Umschau Heft 5, S.139/140, 1981

/37/ Eriksson, C.M. Johannson, Ch. Anpassningsenhet för Eliminiering av centrevingsfel och Byraladseffekt vid Montering. Universität Linköping, IPK, STU-rapport 78-6700, 1979

/38/ Simunovic, S. Parts Making Theory for Robot Assembly. Proceedings of the 9th ISIR, Washington 1979

/39/ Hirzinger, G. Industrieroboter mit taktilem Sensor. ZWF 76 (1981) 11, S. 528-532.

/40/ De Fazio, T.L. Displacement - State Monitoring for the Remote Center Compliance - Realizations and Applications. Proceedings 10th ISIR, Mailand 1980

/41/ Arai, T. Kinoshita, N. The Part Mating Forces that Arise when Using a Worktable with Compliance. Departement of Precision Machinery Engineering (Tokyo) Assembly Automation 1 (1981) 4, S. 204/210

/42/ Ogiso, K. Watanabe, M. Increase of Reliability in Screw Tightening. 4th ICAA, Tokio 1983

/43/ Strelow, D. Reibungszahl und Werkstoffpaarung in der Schraubenmontage. Verbindungstechnik 13 (1981) 6, S. 17/22

/44/ Ehrhardt, K.F. Zeitgemäße Schraubpraxis, Elemente, Verfahren, Werkzeuge, Meßgeräte. uta groebel-infotip, 1981

/45/ Bossard, H. Handbuch der Verschraubungstechnik expert verlag, Grafenau 1982

/46/ Junker, G. Grundlagen der Berechnung hochbeanspruchter Schraubenverbindungen. VDI-Bericht Nr.220 VDI-Verlag, Düsseldorf 1974

/47/ Whitney, D.E. Nevins, J.L. What is the remote-center-compliance and what can it do? Proc. 9th ISIR, Washington DC, USA 1979

/48/ Pham, D.T. On designing components for automatic assembly University of Birmingham, Proceedings of the 3th ICAA, Böblingen 1982

/49/ Jacobi, P. Fügemechanismen für die automatisierte Montage mit Industrierobotern. Wiss. Schriftenreihe TH-Karl-Marx-Stadt 11/1982

/50/ Graf, U. Henning, H.J. Stange Formeln und Tabellen der mathematischen Statistik, Springer Verlag, Berlin, Heidelberg, New York 1966

/51/ Milberg, J. Maier, Ch. Contribution to the Automation of Screwdriving with the Aid of Industrial Robots, Annals of the CIRP Vol. 34/1, Palermo 1985

/52/ Maier, Ch. Die Verbindungstechnik in der flexibel automatisierten Montage. Tagungsband: Robotek'85, München 1985

/53/ Wicharz, R. Die Flexibilität industrieller Produktionsplanung und -steuerung. VDI-Z, Bd. 126(1984), Nr.10, S.334-335

/54/ Wiendahl, H.-P. Produkt- und Produktionsflexibilität wt-Z. ind. Fertig., Bd.71(1981), Nr.5 S.293-296

/55/ Schlotterbeck, H. Entscheidungskriterien für ein flexibles Fertigungssystem. VDI-Berichte Nr. 441, Wirtschaflicher Einsatz flexibler Produktionsmittel. Tagung Düsseldorf 1982, S.25-34

/56/ Grundler, G. Schneller Werkzeugwechsel in der Großserie. VDI nachrichten Nr.47 /23.11.84 S.30

/57/ Auer, H. B. Beitrag zur Steigerung der Flexibilität von Handhabungseinrichtungen im Bereich der Einzel- und Kleinserienfertigung. Diss. Techn. Univ. Berlin 1977

/58/ Siemens, K.-J. Konstruktive Lösungswege zur Erhöhung der Flexibilität von Werkzeugen für Handhabungsgeräte. VDI Fortschr.-Ber., Reihe 2, Nr.53 VDI-Verlag, Düsseldorf 1983

/59/ Buzacott, J. A. The Fundamental Principles of Flexibility in Manufacturing Systems. In: Proceedings of the 1st international Conference on Flexible Manufacturing Systems, Brighton, UK, 20.-22. Oct. 1982 IFS(Publications) Ltd., Bedford, UK

/60/ Mandelbaum, M. Flexibility in decision making: an exploration and unification. Ph.D. Thesis, Dept. of Industrial Engeneering, University of Toronto, Toronto, Ont., 1978

/61/ Witte, K.-W. Flexible Zuführtechnik VDI-Z., Bd. 126(1984), Nr.12, S.434-440

/62/ N.N. Flexible Teilezuführung für Montageroboter. Industrieroboter international wt-Z. Ind. Fertig., Bd.74(1984), Nr.9 S.517

/63/ Warnecke, H. J. Walther, J. Automatisches Schrauben mit Industrierobotern. wt-Z. ind. Fertig., 74(1984), Nr.3, S.137-140

/64/ Widmann, H. Schrauben - Anziehverfahren Verbindungstechnik, Bd. 14 (1982), Nr.5 S.12-14

/65/ Walther, J. u.a. Programmierbare Montagestation für Pkw-Motoren. VDI-Z., Bd. 126 (1984), Nr.10 S.352-360

/66/ N. N. Werkstück und Werkzeugwechselsysteme sind Stand der Technik. maschine + werkzeug, Bd.78(1977), Nr.23 S.44-52

/67/ Weck, M. Universelles Greifer- und Werkzeugwechselsystem für Industrieroboter. VDI-Z., Bd. 126 (1984) Nr.13, S.475-478

/68/ N. N. Standard-Greifer automatisch wechselbar. Werkstatt und Betrieb, Bd. 117(1984), Nr.9 S.546

/69/ Milberg, J. Klippel, C. Automatisierte Fertigung - das Münchner Modell. Logistik 6 (1985) Nr.2, S.42-45 mi-Verlag, Landsberg

/70/ Pöppel, J. Die Wirtschaftlichkeit automatischer Produktionssysteme - eine Rechenaufgabe oder eine Glaubensfrage? Tagungsband: IWB-Kolloquium Tagungsband: IWB-Kolloquium "Automatische Produktionssysteme", München 14./15. Febr. 1985

/71/ Müller-Hedrich, B.W. Betriebliche Investitionswirtschaft. Stuttgart 1983

/72/ Raab, H.H. Handbuch Industrieroboter. Vieweg & Sohn Verlagsgesellschaft mbH, Braunschweig 1981

/73/ Zangemeister, Ch. Nutzwertanalyse in der Systemtechnik. Wittemannsche Buchhandlung, München 1976

/74/ Rinza, P. Schmidt, M. Nutzwert-Kosten-Analyse. VDI-Verlag, Düsseldorf 1977

/75/ Schimke, E.F. Planung und Einsatz von Industrierobotern. VDI-Verlag, Düsseldorf 1978

/76/ Lukas, B. Rechnergestützte Nutzwertanalysen zur optimalen Maschinenauswahl, Werkstatt und Betrieb 117, S.205/209, 1984

/77/ Grob, R. Erweiterte Wirtschaftlichkeits- und Nutzenrechnung. Verlag TÜV-Rheinland, Köln 1984

**Lebenslauf**

Personalien:

| | |
|---|---|
| Name: | Maier Christoph |
| Anschrift: | Guntersberg 4, 8201 Höslwang |
| Geburtsort und -tag: | 8201 Guntersberg, 22. 11. 1955 |
| Familienstand: | ledig |
| Staatsangehörigkeit: | deutsch |
| Glaubensbekenntnis: | römisch-katholisch |

Schulbildung:

| | |
|---|---|
| Sept. 1962 - Aug. 1966 | Grundschule Halfing |
| Sept. 1966 - Aug. 1970 | Chiemgau-Gymnasium Traunstein, Internatsaufenthalt im Erzb. Studienseminar Traunstein |
| Sept. 1970 - Juni 1975 | Ignaz-Günther-Gymnasium Rosenheim; Abschluß: Zeugnis der Reife |

Wehrdienst:

| | |
|---|---|
| Juli 1975 - Sept. 1975 | Grundausbildung, Fernmeldekompanie Roth |
| Okt. 1975 - Sept. 1976 | Flugsicherungskompanie Erding |

Studium:

| | |
|---|---|
| Okt. 1976 - Dez. 1981 | Technische Universität München<br>Studienfach: Maschinenwesen<br>Fachrichtung: Betriebs- und Fertigungstechnik<br>Abschluß: Diplom |

Berufstätigkeit:

| | |
|---|---|
| Jan. 1982 - Mai 1984 | Wissenschaftlicher Mitarbeiter am Institut für Werkzeugmaschinen und Betriebswissenschaften der Technischen Unversität München, Leiter: o. Prof. Dr.-Ing. J. Milberg |
| Juni 1984 | Leitung der Abteilung Montage am selben Institut |
| seit Sept. 1985 | Oberingenieur am Zentrum für Robotertechnologie und Fertigungsautomatisierung desselben Instituts in Dornach |

GPSR Compliance

*The European Union's (EU) General Product Safety Regulation (GPSR) is a set of rules that requires consumer products to be safe and our obligations to ensure this.*

*If you have any concerns about our products, you can contact us on ProductSafety@springernature.com*

In case Publisher is established outside the EU, the EU authorized representative is:

Springer Nature Customer Service Center GmbH
Europaplatz 3
69115 Heidelberg, Germany

**Batch number: 10682421**

Printed by Printforce, the Netherlands